SISTEMA AEROPORTUARIO DEL VALLE DE MÉXICO

387.73620972
R585

Riobóo Martín, José María
Sistema aeroportuario del Valle de México / por José María Riobóo Martín y Sergio Rubén Samaniego Huerta -- 1ª ed. -- México : Universidad Autónoma Metropolitana : Miguel Ángel Porrúa, 2017
110 p. : il. ; 22.5 × 21.5 cm.

ISBN 978-607-524-117-3

1. Aeropuertos internacionales -- Ciudad de México. 2. Aeropuertos -- Diseño y construcción -- México

Primera edición, marzo del año 2017

Proyecto y dirección: Miguel Ángel Porrúa
Edición: Aldonza María Porrúa | Gabriela Pardo
Diseño y tipografía: Verónica Santos
Corrección: Mónica Beltrán
Arte digital: Moisés Yrízar | Gerardo Cruz | José Luis Martínez
Apoyo técnico: Sol Levin | Antonia Peralta | Teresa Santana

ISBN 978-607-524-117-3

IMPRESO EN MÉXICO *PRINTED IN MEXICO*
www.maporrua.com.mx

JOSÉ MARÍA RIOBÓO MARTÍN
SERGIO RUBÉN SAMANIEGO HUERTA

SISTEMA AEROPORTUARIO DEL VALLE DE MÉXICO

Casa abierta al tiempo
UNIVERSIDAD AUTONOMA METROPOLITANA

MAPorrúa
librero-editor · México

PRÓLOGO

ROBERTO EIBENSCHUTZ

José María Riobóo, reconocido especialista en el diseño y cálculo de estructuras, responsable de la concepción estructural de muchos de los grandes edificios de la Ciudad de México y, entre otras importantes obras, del diseño estructural de los segundos pisos, nos sorprende ahora con un texto en el que junto con Sergio Rubén Samaniego nos presenta una opción distinta a la que ha llevado a la decisión de construir el nuevo aeropuerto para la Ciudad de México en terrenos localizados en el vaso del exlago de Texcoco.

Conviene ubicar en términos generales el contexto en que esta decisión se ha tomado para dimensionar la importancia del texto que nos ocupa. La zona oriente del Valle de México se ha caracterizado por su condición de borde periférico de la Ciudad de México, ocupando el territorio de varias delegaciones de la ciudad y un número importante de municipios del Estado de México donde se concentra la mayor parte de la población de bajos recursos de la Zona Metropolitana del Valle de México.

La ocupación de este territorio se ha dado de manera espontánea a partir del acelerado crecimiento de la Ciudad de México entre los años sesenta y noventa, provocado por la afluencia de población de bajos ingresos atraída por las expectativas de empleo y rechazada de las áreas centrales por el incremento del costo del suelo en el mercado formal. Las condiciones descritas hacen evidente la exclusión social, la falta de equidad en el acceso a los servicios y equipamientos urbanos, y las limitaciones de la población para gozar de los derechos humanos fundamentales en la zona.

La presencia del vaso del exlago de Texcoco y posteriormente del Aeropuerto Internacional de la Ciudad de México, ha constituido una barrera para la integración de la estructura urbana, y los asentamientos en la zona corresponden, por una parte, al crecimiento de la ocupación irregular sobre todo al poniente y sur del vaso y a la expansión de las localidades rurales ribereñas al oriente y norte del mismo, hasta formar un anillo continuo que se desarrolla en ambos lados de la carretera que vincula la zona con la Ciudad de México en condiciones de muy alta saturación.

Son conocidas las condiciones particulares del Valle de México por lo que se refiere a sus limitaciones en la disponibilidad de agua, la sobreexplotación del acuífero subterráneo y las características del subsuelo que lo hacen particularmente vulnerable ante sismos; pero a esto hay que sumar la situación que genera un parque vehicular en crecimiento que ya presenta condiciones graves de congestionamiento, un mercado de suelo especulativo que no ofrece opciones de asentamiento a la población mayoritaria la que tiene que recurrir a la compra de viviendas en conjuntos cerrados alejados de la ciudad y sin equipamientos o a la ocupación irregular en zonas inadecuadas, también alejadas sin equipamientos ni servicios.

Ante la conciencia de la fragilidad del Valle de México y las limitaciones para su desarrollo, a partir de los años setenta del siglo pasado —cuestión que adquirió un nuevo impulso a raíz del sismo del 85— se adoptó en el país una política de descentralización y desarrollo regional que privilegió el impulso a otras regiones con mejores condiciones y potencialidades, que tuvo resultados satisfactorios para el equilibrio nacional disminuyendo la preeminencia de la Ciudad de México y el centralismo en la acción del gobierno, al canalizar las grandes inversiones públicas y privadas, con el consiguiente crecimiento poblacional que cualquier inversión de este tipo genera, hacia otras grandes ciudades (Guadalajara, Monterrey, León, Puebla); a la franja fronteriza norte (Tijuana, Mexicali, Ciudad Juárez, Nuevo Laredo); a los puertos industriales (Tampico, Veracruz, Coatzacoalcos, Salina Cruz, Lázaro Cárdenas, Manzanillo, Mazatlán) y a los grandes emprendimientos turísticos (Cancún, Huatulco, Acapulco, Zihuatanejo, Puerto Vallarta, Manzanillo, Los Cabos).

La decisión de construir el Nuevo Aeropuerto Internacional de la Ciudad de México en el vaso del exlago de Texcoco introduce un cambio radical en la política de desarrollo regional y muy probablemente generará un repunte en las tendencias de crecimiento demográfico en esta zona, que no cuenta con la infraestructura ni los equipamientos mínimos para atender a la población ya establecida y cuya vocación natural se ubica en actividades primarias de producción agropecuaria.

No cabe duda de que estamos ante una decisión de carácter metropolitano que afecta al funcionamiento de la región central y tiene implicaciones nacionales por el monto de la inversión requerida, no solo para la construcción de las instalaciones al interior del perímetro destinado al nuevo aeropuerto, si no para las complejas obras hidráulicas que eviten las inundaciones en la zona y las necesarias para resolver los requerimientos de vialidad y transporte que garanticen la accesibilidad a los usuarios y trabajadores del aeropuerto. Tampoco cabe duda de la capacidad de los técnicos mexicanos y sus socios internacionales para la realización de los proyectos y obras, la duda principal está en determinar si ésta es la mejor opción para la ciudad, la región y el país.

La gran pregunta es: ¿Texcoco es la mejor opción para la ciudad, la región y el país, y en su caso, cuál es el marco legislativo para tomar esta decisión?

¿A quién le corresponde tomar la decisión? ¿Se trata de una decisión federal y sectorial en el ámbito del transporte?, o ¿es una decisión de carácter regional y metropolitano en la que deben estar involucrados los gobiernos locales y la población? ¿Cómo se inscribe esta decisión en la estrategia nacional de desarrollo territorial? ¿Cuál es su prioridad y cómo se determina frente a otras necesidades de inversión? ¿Qué papel le corresponde al gobierno municipal en el lugar donde se realizará el gran proyecto? ¿Cómo se consideró la participación de la población afectada? ¿Están evaluados los impactos en el funcionamiento de la ZMVM? ¿Se han tomado en cuenta las limitaciones del Valle de México en términos de disponibilidad de agua, drenaje y capacidad vial? ¿Cuáles y cómo fueron analizadas las distintas opciones? ¿Es congruente la decisión con la política de descentralización y estímulo al desarrollo regional equilibrado? ¿El costo es adecuado a la situación económica del país?

Las respuestas a estas preguntas permitirían entender y valorar las decisiones futuras y enfrentar de mejor manera las nuevas acciones que en el ámbito nacional serán cada vez más complejas y seguramente más cuestionadas.

Lo que nos aporta este documento es la demostración rigurosa de que hubieron otras opciones que no fueron tomadas en cuenta y que podrían haber significado no solo ahorros significativos en momentos difíciles, sino la posibilidad de estructurar el desarrollo de la metrópoli en mejores condiciones abriendo posibilidades en nuevos espacios con mejor potencial y disminuyendo la presión en áreas ya sujetas a limitaciones difíciles de superar.

RE

[*noviembre de 2016*]

SISTEMA AEROPORTUARIO DEL VALLE DE MÉXICO

APROVECHAMIENTO DE INSTALACIONES EXISTENTES

PROPUESTA ALTERNA AL PROYECTO
NUEVO AEROPUERTO INTERNACIONAL DE LA CIUDAD DE MÉXICO
(NAICM TEXCOCO)

INTRODUCCIÓN

La elaboración de este documento obedece a la solicitud de soporte profesional y técnico que planteara el grupo político social, Movimiento de Regeneración Nacional (partido MORENA), quienes consideran que el proyecto presentado como Nuevo Aeropuerto Internacional de la Ciudad de México (NAICM Texcoco) a construirse en la Zona Federal del exvaso de Texcoco, sobre la carretera Peñón-Texcoco, del municipio del mismo nombre en el Estado de México, anunciado el 2 de septiembre de 2014 por el presidente de los Estados Unidos Mexicanos, licenciado Enrique Peña Nieto, no es necesariamente el mejor escenario para remediar la deficiencia espacial y funcional que presenta actualmente el Aeropuerto Internacional de la Ciudad de México (AICM Actual) en uso hasta el día de hoy.

Una consecuencia inevitable que hay que tomar en cuenta para cualquier reflexión sobre el proyecto NAICM Texcoco, es que lleva aparejada la supresión del aeropuerto militar ubicado en la Base Aérea Militar núm. 1, Santa Lucía, Municipio de Zumpango, Estado de México.

El proyecto del NAICM Texcoco ha justificado este cambio de sede como respuesta y remedio a la saturación de operación que presenta, efectivamente, el AICM Actual.

Para el aeropuerto de la Base Aérea Militar núm. 1, Santa Lucía (en adelante denominado: Aeropuerto Militar Santa Lucía) no se conoce que se haya presentado algún diagnóstico de inutilidad o inoperancia que justifique como *necesaria* su destrucción, por lo que es una consecuencia colateral costosa y evitable.

Para efecto de buscar y presentar una solución alternativa que mejore las condiciones de inversión y beneficio, MORENA propone a este cuerpo técnico, explorar las condiciones de desempeño del AICM Actual, dimensionar sus requerimientos inmediatos, a mediano y largo plazos, para una reconversión integral de la instalación y funcionamiento, considerando siempre el aprovechamiento de la infraestructura y estructura existentes y adicionando aquella que se determine como faltante, pero que sea la mínima estrictamente necesaria.

El planteamiento de exploración solicitado en busca de un modelo diverso al NAICM Texcoco, por consenso de los participantes en el proyecto alterno, se determinó que debería acotarse dentro de los principios de:

- Racionalización de la inversión
- Austeridad
- Eficiencia
- Eficacia
- Ecología
- Sustentabilidad
- Sostenibilidad

En este proceso de análisis se define por parte del cuerpo técnico investigador, que los criterios de selección de información, procesamiento y propuestas tomarán el siguiente paradigma:

Se requiere un gran proyecto funcional y decoroso, no necesariamente una gran inversión.

Finalmente, y antes de que el cuerpo de profesionistas hubiere de dar inicio al estudio técnico, se fija nuevamente de consenso general con el grupo solicitante, cuáles serán los parámetros principales de contraste y comparación entre el proyecto NAICM Texcoco y la alternativa nueva, que surgiera de este análisis. Estos seis parámetros son:

1. Costo de inversión total
2. Mejor y mayor aprovechamiento de instalaciones actuales
   a) Aeroportuarias del Lado Aire
   b) Aeroportuarias del Lado Tierra
   c) Viales
3. Menor impacto ambiental negativo

4. Mayor desarrollo social
5. Seguridad urbana
6. Seguridad aeroportuaria

El documento que se presenta a continuación es el resultado de conjuntar principios, paradigma y parámetros de contraste, los que conjuntamente aplicados a un estudio de sitio, dieron como resultado positivo la identificación de un escenario alternativo al NAICM Texcoco, en el que se aprovecha la infraestructura y estructura existentes en el Benito Juárez de la AICM Actual, y las instalaciones aeroportuarias complementarias de la Base Aérea Militar núm. 1, Santa Lucía, carretera federal México-Pachuca, Zumpango, Estado de México; alternativa que proporciona mayor margen de beneficios sociales, económicos, viales, operativos etc., conjuntamente con una mejor eficiencia financiera, y desarrollo económico regional.

[*Ciudad de México, diciembre de 2015*]

GRUPO TÉCNICO

Es para el grupo de profesionistas y técnicos que colaboramos en este documento, motivo de satisfacción haber conseguido generar, con soporte y fundamento objetivo, el anteproyecto del Sistema Aeroportuario del Valle de México (SAVM) como una alternativa excluyente al proyecto del NAICM Texcoco.

SAVAM (proyecto alterno), proporciona una amplia mejoría presente y futura, de las condiciones de operación actuales en cuanto a transporte comercial de pasajeros y transporte comercial de carga del AICM Actual, el que operando como instalación única comercial (como hasta ahora) resulta ya insuficiente.

Una condición implícita en el proyecto NAICM Texcoco relacionada con la orientación de sus pistas y por ello de sus rutas de despegue y aterrizaje, es la imposibilidad de coexistir con el AICM Actual, pero además conlleva por la misma causa de la orientación de rutas, la imposibilidad de coexistir con el Aeropuerto Militar Santa Lucía, en Zumpango, Estado de México; este aeropuerto no presenta condiciones de inoperancia en ninguna aspecto ni de tierra, ni de aire.

El SAVAM (proyecto alterno), logra satisfacer las exigencias operativas de tiempos de aterrizaje y despegue, y al manejo y coordinación del ascenso y descenso de pasajeros en el AICM Actual, y este *sistema aeroportuario de dos instalaciones*, genera la maximización del aprovechamiento de las instalaciones aeroportuarias de la Base Aérea Militar núm. 1, Santa Lucía, pudiendo proporcionar a la nación mexicana y a los usuarios internacionales, una instalación aeroportuaria de presencia decorosa y moderna, en una estructura funcional.

En el grupo técnico-profesionista participante consideramos que la mejor solidaridad con quienes tienen la enorme responsabilidad de conducir los destinos del Estado Mexicano, es pronunciar las observaciones oportunas y la crítica constructiva sustentada como recurso preventivo, ambas siempre complementadas con soluciones, que permitan orientar y reorientar los actos de autoridad hacia soluciones menos costosas, más rápidas, ágiles, sencillas, sin riesgo o minimizando este y sobre todo, con mayores beneficios económicos, ambientales y sociales a la población local y a la nación en su conjunto, extendiendo este alcance a los visitantes internacionales de nuestro país.

El Grupo Técnico que desarrollamos este estudio de preinversión, manifiesta haber acometido esta tarea con el mejor criterio de innovación, de búsqueda de nuevas estrategias y cambio de paradigmas, nueva mentalidad y nuevos enfoques, pues hacer las cosas como es costumbre, nos lleva siempre a los resultados acostumbrados, y nuestro objetivo es una mejoría, una reorientación hacia el máximo aprovechamiento al menor costo.

Los paradigmas adicionales a los mencionados en párrafos anteriores como establecidos por el Grupo Técnico para el desarrollo de esta propuesta, son:

- Gasto indispensable
- Máxima conservación
- Máximo aprovechamiento
- Renovación

- Innovación
- Sencillez
- Sentido común

CONDICIONES ACTUALES

México tiene un inventario amplio de aeropuertos, aeródromos y pistas, con un total de 76 aeropuertos (en 2015) 58 categorizados como internacionales, y los 18 restantes son nacionales.

El Aeropuerto Internacional de la Ciudad de México (oficialmente Aeropuerto Internacional Benito Juárez de la Ciudad de México, abreviado AICM), se ubica en el barrio de Peñón de los Baños, dentro de la delegación Venustiano Carranza, que es una de las dieciséis delegaciones con las que se compone hoy la Ciudad de México; el aeropuerto está a 5 kilómetros al este del Centro Histórico y está rodeado por zonas urbanas, al norte de la Delegación Gustavo A. Madero y al oeste, sur y al este de la Delegación Venustiano

AICM CIFRAS DICIEMBRE 2015

OPERACIONES

	2014					*2015*					*Variación Porcentual*			
	Nacional		*Internacional*			*Nacional*		*Internacional*			*Nacional*		*Internacional*	
	Llegadas	*Salidas*	*Llegadas*	*Salidas*	*Total*	*Llegadas*	*Salidas*	*Llegadas*	*Salidas*	*Total*	*Llegadas*	*Salidas*	*Llegadas*	*Salidas*
Ene	10,908	10,924	4,328	4,346	30,506	11,535	11,563	4,585	4,581	32,264	5.7	5.8	5.9	5.4
Feb	9,910	9,915	3,749	3,754	27,328	10,429	10,429	3,966	3,967	28,791	5.2	5.2	5.8	5.7
Mar	11,161	11,132	4,221	4,226	30,740	11,719	11,716	4,576	4,572	32,583	5.0	5.2	8.4	8.2
Abr	11,074	11,081	4,210	4,217	30,582	11,569	11,598	4,523	4,511	32,201	4.5	4.7	7.4	7.0
May	11,767	11,750	4,224	4,226	31,967	11,769	11,780	4,718	4,695	32,962	0.0	0.3	11.7	11.1
Jun	10,997	10,985	4,177	4,189	30,348	11,320	11,314	4,676	4,678	31,988	2.9	3.0	11.9	11.7
Jul	12,061	12,046	4,576	4,584	33,267	12,084	12,104	5,071	5,063	34,322	0.2	0.5	10.8	10.4
Ago	12,104	12,104	4,531	4,531	33,270	12,106	12,089	4,992	4,989	34,176	0.0	-0.1	10.2	10.1
Sep	11,097	11,082	4,044	4,038	30,261	11,257	11,239	4,505	4,516	31,517	1.4	1.4	11.4	11.8
Oct	11,872	11,872	4,268	4,272	32,284	11,867	11,857	4,769	4,756	33,249	0.0	-0.1	11.7	11.3
Nov	11,432	11,428	4,263	4,265	31,388	11,564	11,585	4,712	4,722	32,583	1.2	1.4	10.5	10.7
Dic	11,779	11,749	4,711	4,711	32,950	12,124	12,088	5,141	5,127	34,480	2.9	2.9	9.1	8.8
Total	136,162	136,068	51,302	51,359	374,891	139,343	139,362	56,234	56,177	391,116	2.3	2.4	9.6	9.4

Fuente: http://www.aicm.com.mx/estadisticas

Carranza; es un aeropuerto (aeródromo) civil e internacional,[1] de servicio al público con carácter comercial, donde además opera la Policía Federal, que sirve a la Zona Metropolitana del Valle de México *pero que no da servicio militar regularmente*.

El AICM cuenta con dos pistas para aterrizaje y despegue y con esta infraestructura es el aeropuerto más ocupado de México con 38´433,012 pasajeros, el AICM es el número 50 del *ranking* mundial y es el segundo más ocupado de Latinoamérica por operaciones aéreas después de Guarulhos en Sao Paulo, con 278,705 llegadas y salidas nacionales, y 112,411 llegadas y salidas internacionales, con un total de 391,116 despegues y llegadas; en cuanto a carga se desplazaron 446,915 toneladas en total, todo esto en 2015.

PROBLEMÁTICA. - CAPACIDAD AEROPORTUARIA DE LA CIUDAD DE MÉXICO

Como se anticipa en los párrafos que anteceden, el AICM Actual está en el límite de saturación funcional, es decir, el número de salidas y de aterrizajes tanto de vuelos nacionales, como internacionales, que de hecho son ya insuficientes para satisfacer la demanda de traslados y carga vigente en la actualidad, exceden la capacidad instalada del aeropuerto, ya no hay espacio-tiempo para más aterrizajes y despegues, por lo que aun cuando hubiera aviones disponibles, no pueden operar si no hay los tiempos (*slots*) disponibles de uso de las pistas, y por consecuencia no se pueden efectuar los aterrizajes y despegues suficientes para dar a dar satisfacción a la demanda de pasaje. Aunado a lo anterior está el número creciente de salidas y aterrizajes de vuelos de carga comercial, que también contribuyen a la saturación de las pistas del AICM Actual.

Por parte del movimiento de ascenso y descenso de pasajeros, las instalaciones de espera, recepción, transportes y pasillos fijos y móviles, que permiten subir y bajar de las aeronaves, también son insuficientes.

El crecimiento en el tráfico aéreo del AICM Actual en los últimos años ha implicado una constante saturación desde 2005. Esto significa que la demanda de las aerolíneas ha rebasado los

[1]Ley de aeropuertos, Articulo 2 *fracciones* V, VI y VII

61 *slots* (tiempo del que dispone un avión para para despegar y aterrizar) por hora disponibles en el AICM,[2] y significa también que el edificio terminal ha rebasado el número máximo de pasajeros que puede atender por hora /día / mes / año.

En el 2012, el AICM Benito Juárez superó su capacidad operativa máxima en 52 ocasiones,[3] una situación que produce desventajas competitivas y hasta riesgos de seguridad

La conclusión evidente es que:

- El número de salidas y aterrizajes de vuelos nacionales e internacionales de pasajeros necesarios para satisfacer la demanda actual, excede la capacidad instalada.
- La cantidad de puntos de ascenso y descenso de pasajeros en vuelos nacionales e internacionales, es insuficiente para el aforo actual de pasajeros.
- El número de salidas y aterrizajes de vuelos comerciales de carga, presiona aún más la suficiencia del sistema de pistas.

[2]Fuente: CIDAC http://accionescruciales.cidac.org/documentos/transportes/transportes_10.pdf)

[3]Fuente: http://eleconomista.com.mx/industrias/2014/06/19/proyecto-nuevo-aeropuerto-df-incluye-seis-pistas

HIPÓTESIS BASE DEL PLANTEAMIENTO

El cuestionamiento central del grupo social MORENA, se establece en el criterio de que la ubicación del proyecto del NAICM Texcoco es en un lugar diferente y distante del actual, lo que obviamente implica desocupar y eliminar como tal, al AICM Actual y, por ende, como complemento lógico del proyecto, *destruir las instalaciones y desalojar el terreno*; de lo que se deduce que, para este proyecto (NAICM Texcoco) las instalaciones aeroportuarias actuales *se consideran con su vida útil totalmente terminada*, ya que de no ser así, se estarán desaprovechando inversiones con el dinero de la nación, efectuadas en el suelo y la edificación e infraestructura aeroportuaria desahuciada.

Para llevar un proceso lógico e imparcial, apegado al análisis de los elementos disponibles, deben considerarse las siguientes premisas:

- Las inversiones en activos se hacen considerando el aprovechamiento máximo de la vida útil del mismo.

- Se desechan aquellos activos cuya operación no es rentable en ningún nivel.
- Se desechan aquellos activos cuya operación es ilegal.
- Se desechan aquellos activos cuya operación no es funcional.
- No se desecha un activo hasta haberlo amortizado rentablemente.

Cuando un activo es insuficiente para producir o dar el servicio que la demanda requiere, *pero produce rentablemente en un nivel menor a esa demanda*, se apoya con un activo paralelo y complementario (en este caso un aeropuerto complementario).[4]

De ahí que como se está tomando la decisión de desechar un activo productivo como lo es el AICM Actual que además lleva como consecuencia la destrucción de otro activo, sea este la Base Aérea Militar núm 1, Santa Lucía, es de deducirse que se hace con base en la Hipótesis 1.

[4]Fuente Ley de aeropuertos, Articulo 12 fracción II.

HIPÓTESIS 1:

El sitio del Aeropuerto Internacional de la Ciudad de México, y el aeropuerto de la Base Aérea Militar núm. 1, Santa Lucía, son ambos totalmente *inoperantes e improductivos tanto en tierra como en aire, en todas sus partes y componentes,* sin opción de revitalizarlos, reestructurarlos, complementarlos o ampliarlos y por conclusión:

- El AICM Actual ya no tiene vida útil remanente, ni técnica ni económica.
- La Base Aérea Militar núm. 1, Santa Lucía ya no tiene vida útil remanente, ni técnica ni económica.
- Deben eliminarse AMBAS (no solo una de ellas, es obligada la simultaneidad) al 100% y construir el Nuevo Aeropuerto Internacional de la Ciudad de México (NAICM Texcoco).

La propuesta del Grupo Morena es en sentido diverso, su planteamiento considera que la operación actual del AICM Actual es funcional y rentable, pero insuficiente y sobresaturada, lo que se establece en una segunda hipótesis:

HIPÓTESIS 2:

El Aeropuerto Internacional de la Ciudad de México está rebasado en su capacidad instalada, tanto en tiempos de uso de sus pistas, como en el manejo del pasaje y la carga, pero se considera operable con la carga adecuada (menor) de vuelos, carga y pasajeros.

- El AICM Actual tiene vida útil remanente aprovechable.
- La Base Aérea Militar núm. 1, Santa Lucía sí tiene vida útil remanente.
- Puede reestructurarse y revitalizarse y seguir funcionando eficientemente con parte de la carga aérea actual, utilizando un aeropuerto complementario que reciba la carga de operación que excede la capacidad instalada del AICM Actual.

COROLARIO

En *caso de que no sea posible desarrollar un proyecto de revitalización y ampliación de áreas de funcionamiento del AICM Actual* sería de aceptarse lo establecido en la Hipótesis 1, y descartar el AICM Actual, lo que conduce a tomar la decisión de construir otro (en este caso el NAICM Texcoco) que cumpla con la demanda actual y futura proyectada a largo plazo.

Pero siendo el caso de que la Hipótesis 2 alternativa sea viable y se encuentre una infraestructura complementaria al AICM Actual o se pueda construir, la que permita absorber el excedente de carga de operación actual y futura y parte del volumen de carga proyectado a largo plazo, *se debe aceptar la Hipótesis 2 y desechar la Hipótesis 1*, que promueve la desocupación y destrucción del aeropuerto actual en uso conjuntamente con el Aeropuerto Militar Santa Lucía; condicionado la ejecución de la Hipótesis 2 como alternativa, a cumplir con criterios de economía financiera (menor costo que el NAICM Texcoco), mayor y mejor conservación ecológica, desarrollo social, menor tiempo de desarrollo y seguridad, y generar un anteproyecto de revitalización y reestructura, máxime considerando que conlleva el crecimiento, la conservación, amortización y máxima eficiencia del Aeropuerto Militar Santa Lucía.

Como cita la Ley de aeropuertos en el artículo 12. La Secretaría podrá otorgar concesiones, sin sujetarse a licitación pública, en los siguientes casos:

> Fracción II.- A los concesionarios que requieran un aeropuerto complementario, con el objeto de satisfacer un incremento en la demanda y siempre que se demuestre que dicho incremento, es necesario para ampliar la capacidad existente con otro aeropuerto; que la operación de ambos aeropuertos por el mismo concesionario será económicamente más eficiente, en comparación con otras opciones.

DETERMINACIÓN DE LA HIPÓTESIS APLICABLE

Para determinar cuál es la hipótesis aplicable en este caso, se procedió a verificar la certeza, o mayor certeza que puede considerarse a cada una de ellas.

HIPÓTESIS 1

En el caso de esta Hipótesis 1, el criterio de comprobación, será llevar a cabo una verificación objetiva, excluyente y absoluta del supuesto: El planteamiento es concreto.

El sitio del Aeropuerto Internacional de la Ciudad de México, y el aeropuerto de la Base Aérea Militar núm. 1, Santa Lucía, son ambos totalmente inoperantes e improductivos tanto en tierra como en aire, en todas sus partes y componentes, sin opción de revitalizarlos, reestructurarlos, complementarlos o ampliarlos.

> La comprobación de la operatividad de una instalación aeroportuaria, estará en el hecho que *Sí* está en operación, cumpliendo con parámetros de seguridad y suficiencia técnica y cuenta con las calificaciones y autorizaciones pertinentes, *luego entonces, no es inoperante.*

Para determinar si ambas instalaciones están en la condición tal que impide su operación, basta apegarse al criterio de funcionalidad de un aeropuerto que señala la Ley de Aeropuertos en su Artículo 2:

Fracción VI. - Aeropuerto*: aeródromo civil de servicio público,* que cuenta con las instalaciones y servicios adecuados para la recepción y despacho de aeronaves, pasajeros, carga y correo *del servicio de transporte aéreo regular, del no regular, así como del transporte privado comercial y privado no comercial.*

Únicamente los aeródromos civiles que tengan el carácter de aeropuerto podrán prestar servicio a las aeronaves de transporte aéreo regular.

Es de hacerse notar que hasta la fecha aún el Aeropuerto Internacional de la Ciudad de México[5] detenta la clasificación de Aeropuerto Internacional, por lo que se infiere que *cuenta con las instalaciones y servicios adecuados para la recepción y despacho de aeronaves, pasajeros, carga y correo.*

En cuanto a estar en operación actualmente, se comprueba con la información su operación para el año 2016:

Es servido por 27 líneas aéreas de pasajeros nacionales e internacionales y 17 aerolíneas de carga; debido a que es el principal centro de conexiones de la aerolínea más grande de México Aeroméxico (con Aeroméxico Connect), el aeropuerto se ha convertido en un centro de conexiones de SkyTeam. También es un centro de conexiones de Aeromar, Interjet, Volaris y una ciudad foco de Viva Aerobus. En un día típico, más de 90,000 pasajeros pasan por el aeropuerto desde y hacia más de 100 destinos en tres continentes. En 2014, el aeropuerto atendió 34,255,739 de pasajeros, mientras que en 2015 atendió a 38,433,078 de pasajeros.

Por último, el 29 de septiembre de 2014, la Secretaría de Comunicaciones y Transportes a través del *Diario Oficial de la Federación,* publicó el decreto de saturación del AICM Actual. *En la terminal actualmente se realizan mil 150 operaciones al día o una operación cada 53 segundos y es un aeropuerto saturado.*[6]

Esta declaratoria implica que el número de vuelos que se atienden y el número de pasajeros están al límite alto de su capacidad instalada. *indica que el AICM Actual, está operando bien pero saturado, no está declarando inutilidad.*

La respuesta es negativa por principio, los dos puertos, sean el Aeropuerto Internacional de la

[5] AICM Actual; Código IATA: MEX; Código OACI: MMMX; Código DGAC: MEX

Ciudad de México, y el aeropuerto de la Base Aérea Militar núm. 1, Santa Lucía están en funciones, *y solo en el caso del* AICM *Actual, se encuentra saturado* y rebasado en su capacidad, *pero tiene una capacidad útil*, y de ninguna manera está inutilizado pues a pesar de su condición crítica *da servicio suficiente en la actualidad*, y en el caso del Aeropuerto Militar Santa Lucía funciona con capacidad sobrada para sus funciones militares.

Por lo tanto, no se justifica la destrucción de ambos aeropuertos y desperdiciar la vida útil remanente de instalaciones probadas en eficiencia y seguridad, a lo largo de 98 años en eficiencia aeronáutica.[7]

CONCLUSIÓN A LA HIPÓTESIS 1

Se niega que los Aeropuertos Internacional de la Ciudad de México y el de la Base Aérea Militar núm. 1, Santa Lucía, son (o alguno de ellos) totalmente inoperantes e improductivos tanto en tierra como en aire, en todas sus partes y componentes, sin opción de revitalizarlos, reestructurarlos, complementarlos o ampliarlos.

HIPÓTESIS 2:

El AICM Actual está rebasado en su capacidad instalada, tanto en tiempos de uso de sus pistas, como en el manejo del pasaje y la carga, pero se considera operable con la carga adecuada (menor) de vuelos, carga y pasajeros.

El AICM Actual tiene vida útil remanente aprovechable. La Base Aérea Militar núm. 1, Santa Lucía sí tiene vida útil remanente.

Puede reestructurarse y revitalizarse y seguir funcionando eficientemente con parte de la carga aérea actual, utilizando un aeropuerto complementario que reciba la carga de operación que excede la capacidad instalada del AICM *Actual.*

La hipótesis se compone de tres partes:

a. El Aeropuerto Internacional de la Ciudad de México está rebasado en su capacidad instalada.

[6]Declaratoria del 29/29/2014 DOF. Fuente:http://dof.gob.mx/nota_detalle.php?codigo=5361802&fecha=29/09/2014&print=true

[7]Fuente: 1928.- Inicia operaciones el Puerto Aéreo Central de la Ciudad de México.

1952.- El Presidente Miguel Alemán inaugura el nuevo edificio terminal (actualmente Terminal 1) del entonces Aeropuerto Central.

https://es.wikipedia.org/wiki/Aeropuerto_Internacional_de_la_Ciudad_de_M%C3%A9xico

b. Puede reestructurarse y revitalizarse y seguir funcionando eficientemente con parte de la carga aérea actual.
c. Utilizando un aeropuerto complementario que reciba la carga de operación que excede la capacidad instalada del AICM Actual.

CONCLUSIÓN A LA HIPÓTESIS 2

a. El Aeropuerto Internacional de la Ciudad de México está rebasado.

La primera parte no requiere mayor análisis, pues hay una determinación de la autoridad competente que así lo señala:

- El 29 de septiembre de 2014 la Secretaría de Comunicaciones y Transportes, a través del *Diario Oficial de la Federación*, publicó el decreto de saturación del AICM desde las siete hasta las 23 horas.
- En la terminal actualmente se realizan 1,150 operaciones al día o una operación cada 53 segundos y es un *aeropuerto saturado*.[8]

[8](Declaratoria del 29/29/2014 DOF) (Fuente: http://dof.gob.mx/nota_detalle.php?codigo=5361802&fecha=29/09/2014&print=true)

SE AFIRMA EL PUNTO A, DE LA HIPÓTESIS 2.- el Aeropuerto Internacional de la Ciudad de México, está rebasado en su capacidad instalada.

b. Puede reestructurarse y revitalizarse.

Tampoco es necesario profundizar en este punto; la autoridad y el concesionario del AICM Actual, han contemplado como posible su ampliación (La Terminal 2 es inaugurada el 15 de noviembre de 2007) e inclusive la construcción de la terminal 3 en corto plazo, asegurándole vida útil por un mínimo de 10 años[9]

> En diciembre de 2013, el entonces Secretario de Comunicaciones y Transportes, Gerardo Ruiz Esparza *confirmó que se eligió la opción de ampliar a la zona oriente el actual AICM*, con una expansión de 2,500 hectáreas, 5,000 hectáreas en el Distrito Federal *y una nueva terminal. La Secretaría de Hacienda y Crédito Público autorizó 15 mil millones de pesos de los 118 mil millones de pesos autorizados para el 2014.*

[9]http://www.skyscrapercity.com/showthread.php?t=548594

SE AFIRMA EL PUNTO B DE LA HIPÓTESIS 2 .- El Aeropuerto Internacional de la Ciudad de México, puede reestructurarse y revitalizarse.

CRECIMIENTO AICM

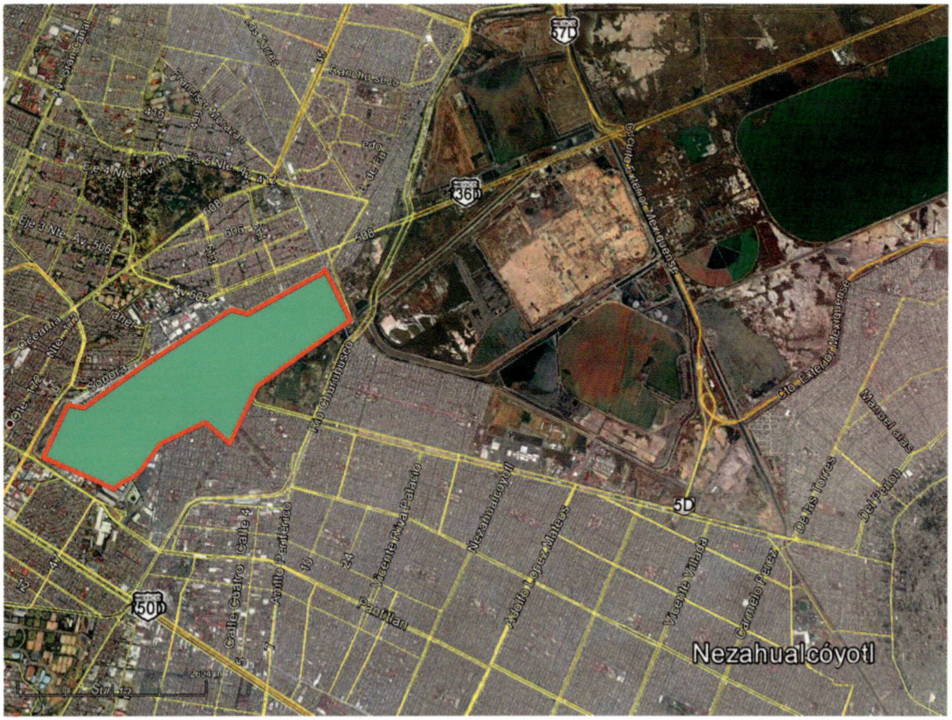

Sería beneficiado también el Aeropuerto Internacional de Toluca, en el Estado de México, el cual se tiene como proyecto *la construcción de una segunda pista para apoyar las operaciones del AICM Actual*.

Según la SCT, con la ampliación del aeropuerto, el AICM Actual se comparará con el Aeropuerto de Ámsterdam-Schiphol en Países Bajos, *el cual atiende más de 50 millones de personas anualmente (expectativa en* AICM *2050 /n. a.)*. Se contempla la construcción de la terminal 3 del Aeropuerto, e incrementar en un 80% la capacidad y *garantía de sus servicios por mínimo 10 años más*.[10]

c. Utilizando un aeropuerto complementario.

La tercera parte condujo el análisis de verificar si es posible a usar como primera instancia, un aeropuerto alterno complementario ya con las instalaciones suficientes, dentro de las instalaciones aeroportuarias cercanas a la megalópolis.

[10]Fuente: https://es.wikipedia.org/wiki/Aeropuerto_Internacional_de_la_Ciudad_de_M%C3%A9xico; http://www.elfinanciero.com.mx/empresas/aicm-ampliado-del-nivel-del.html

INFRAESTRUCTURA AEROPORTUARIA ACTUAL ACCESIBLE A LA CIUDAD DE MÉXICO

Para establecer las posibles soluciones al estado crítico de insuficiencia del número de movimientos de llegada y salida del AICM Actual (*slots*) y ante la saturación formalmente declarada y publicada de éste, se procedió a determinar la existencia de pistas y aeropuertos de los que se pudieran considerar dentro del radio de operación del mismo AICM Actual, para proporcionarle servicio complementario o alternativo.

MACRO REGIONAL CENTRO

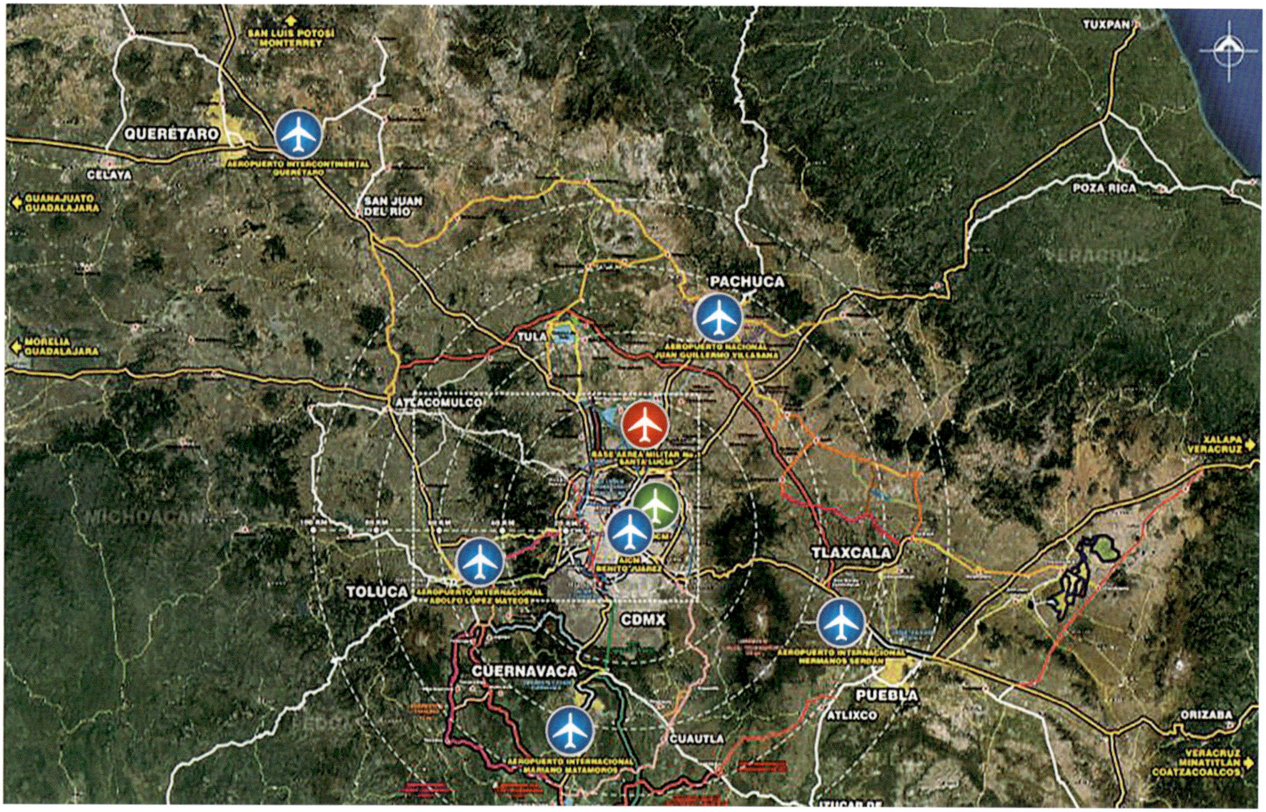

SE AFIRMA EL PUNTO C DE LA HIPÓTESIS 2.- El Aeropuerto Internacional de la Ciudad de México puede continuar operando utilizando un aeropuerto complementario que reciba la carga de operación que excede la capacidad instalada del AICM Actual.

Cuernavaca, Pachuca, Puebla, Querétaro y Toluca son sede de aeropuertos que podrían tomarse en cuenta,[11] sin embargo, la experiencia con Toluca, Estado de México, no fue lo importante que se pronosticó (caso de la línea aérea Volaris, entre otras).[12]

En esta revisión de ubicaciones aeroportuarias destaca por su proximidad y características, la Base Militar núm. 1, Santa Lucía, en la carretera libre México-Pachuca, km 42.5, municipio de Zumpango, Estado de México.

De ahí nace el escenario alternativo de crear un sistema de estos dos aeropuertos: AICM Actual y Santa Lucía; tomar el aeropuerto que actualmente opera pero que está saturado y quitarle carga, pasándosela a Santa Lucía, dándole a esta segunda, infraestructura adicional, con lo cual tendría vida otra vez el aeropuerto local, ya que la propuesta es conservar las dos pistas que tiene funcionando. El Aeropuerto Militar Santa Lucía, al dar el servicio complementario que permitirá absorber parte de esa carga aeroportuaria, se vería aprovechado en mejor y mayor proporción que el uso actual, toda vez que tiene una superficie de terreno amplia, de más de 2,800 hectáreas.

Con el propósito de determinar si el Aeropuerto Militar Santa Lucía puede proporcionar la infraestructura y estructura que absorba el excedente de carga del AICM Actual, el grupo de profesionistas y técnicos realizó una investigación de sitio en la ubicación del aeropuerto actual y de Santa Lucía, observando que su pista es prácticamente paralela a las del AICM Actual, y que la diferencia de paralelismo no afecta el manejo de las pistas, lo que se comprueba al estar operando actualmente de manera simultánea, por casi 50 años, con aeronaves de tamaño mayor.

[11] http://www.excelsior.com.mx/2012/01/04/dinero/799087

[12] http://www.economiahoy.mx/empresas-eAm-mexico/noticias/6923986/08/15/El-aeropuerto-de-Toluca-sevacia-pierde-145-millones-de-pasajeros-y-decenas-de-rutas.html

BASE AÉREA MILITAR NÚM. 1, SANTA LUCÍA

(coordenadas geográficas 19°45'24'N / 99°00'55'O)

Ante la opción de darle uso intensivo al predio de Santa Lucía, que actualmente es de uso exclusivamente militar y el que es ocupado parcialmente por las instalaciones aeroportuarias de la Base Área Militar núm. 1 (código IATA es NLU./ código ICAO es MMSM), estableciendo en la base pistas nuevas y edificaciones de manejo de pasajeros y carga adicionales a las actuales, se hizo una revisión de la información disponible de la misma para configurar su incorporación al anteproyecto alterno Sistema Aeroportuario del Valle de México (SAVAM).

La Base Aérea Militar núm. 1 está ubicada al sureste del municipio de Zumpango y fue construida en 1978 sobre terrenos de lo que fue la ribera norte del gran Lago de Texcoco y ha servido como pista de aterrizaje de aeronaves militares de menor y gran tamaño, y ocasionalmente a vuelos comerciales también de tamaño mayor en caso de emergencia.[13]

[13]Fuente http://www.todopormexico.org/t17147-posible-reubicacion-de-la-base-aerea-militar-1-en-santa-Lucía

https://www.google.com.mx/search?q=tipo+de+pista+aeropuerto+santa+Lucía+mexico&biw=1546&bih=824&tbm=isch&tbo=u&source=univ&sa=X&ved=0ahUKEwjm6cyJte7MAhUF34MKHYIBBh8QsAQITg&dpr=1.09#imgrc=JDb0sPTdCDktYM%3A

Tiene la segunda pista de aterrizaje más grande después del Aeropuerto Internacional de Toluca y es la pista aérea más cercana al Aeropuerto Internacional de la Ciudad de México.

UBICACIÓN DE AEROPUERTOS

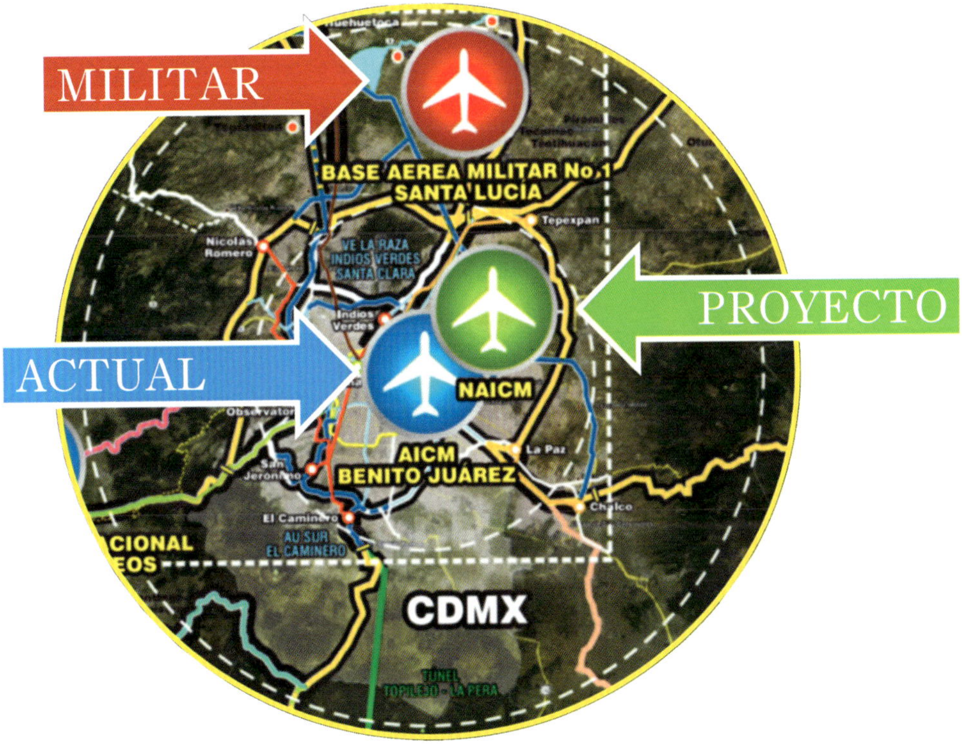

La pista es de 3.5 kilómetros de longitud, con carpeta asfáltica de alta tecnología.

La cercanía que tiene el Aeropuerto Militar Santa Lucía a la ubicación del AICM Actual y al proyecto NAICM Texcoco; nos permitió considerarlo como una posibilidad de complemento del uso saturado que tiene el aeropuerto de la Ciudad de México, y aunque la consideración de Santa Lucía no es nueva, sí lo es la propuesta de construir en esta base militar dos pistas que desahoguen la sobre carga del AICM Actual.

Es pertinente subrayar la propuesta:

No se pretende usar la pista de despegues y aterrizajes de la Base Aérea Militar núm. 1, Santa Lucía para servicio comercial; serán construidas dos (2) pistas comerciales adicionales en esa Base Militar, que darán alivio al Aeropuerto Internacional de la Ciudad de México. Puede construirse una tercera pista como segunda etapa del Sistema Aeroportuario del Valle de México.

Por lo tanto no se justifica la destrucción de ambos aeropuertos y la pérdida de vida útil remanente de sus instalaciones, y se propone la reestructura y revitalización del AICM Actual y el uso de las pistas de nueva construcción instaladas en el aeropuerto alterno complementario de la Base Aérea Militar núm. 1, Santa Lucía.

RESUMEN DE LAS CONCLUSIONES A LA HIPÓTESIS 2

SE AFIRMA EL PUNTO a.- El Aeropuerto Internacional de la Ciudad de México está rebasado en su capacidad instalada.

SE AFIRMA EL PUNTO b.- El Aeropuerto Internacional de la Ciudad de México puede reestructurarse y revitalizarse.

SE AFIRMA EL PUNTO c.- El Aeropuerto Internacional de la Ciudad de México puede continuar operando, utilizando un aeropuerto complementario que reciba la carga de operación que excede la capacidad instalada del AICM Actual.

INVENTARIO DE OPERACIÓN AEROPORTUARIA DE LA MEGALÓPOLIS, CIUDAD DE MÉXICO

El inventario de infraestructura aeroportuaria con que cuenta actualmente la Megalópolis del Valle de México y por consiguiente la Ciudad de México está distribuida en dos instalaciones, una comercial y la otra militar:

INVENTARIO AICM ACTUAL

- El AICM Actual *cuenta con dos pistas de 4.0 km de longitud* (5L/23R y 5R/23L) de usos comerciales para carga y pasajeros de uso alternado), para vuelos nacionales e internacionales, y para uso de la Policía Federal.

Las dos pistas del AICM Actual, debido a su cercanía, deben operar de forma alternada en el caso de aeronaves mayores, es decir, dependiendo del tamaño de las aeronaves *no siempre se permite el aterrizaje de dos aviones simultáneamente*, por lo que no tienen la eficiencia completa de "dos pistas paralelas" a la distancia reglamentaria mínima de 1.035 km[14] (1,035 metros).[15]

Luego entonces, *el número de aterrizajes y despegues posibles es bastante mayor que en una sola pista, pero menor que en dos pistas con capacidad simultánea para todo tipo de aeronaves, donde siempre puedan aterrizar dos aviones juntos cualquiera que sea su tamaño.*[16]

En cuanto a la infraestructura crítica del aeropuerto, se tiene un inventario de:

> 66 posiciones de contacto, 30 posiciones remotas, 7 posiciones para helicópteros, para un rotal de *103 posiciones para todas las aeronaves.*

Debe considerarse que el AICM Actual cuenta con:

- Dos terminales (Terminal 1 y Terminal 2).

En las terminales tiene 44 posiciones de contacto (33 puertas de embarque directo; 11

[14]Anexo 14 al Convenio sobre Aviación Civil Internacional, Volumen I Diseño y operaciones de aeródromos.

[15]Manual sobre operaciones simultáneas en pistas de vuelos por instrumentos-paralelas o casi paralelas (SOIR); http://www.interairports.hn/wp-content/uploads/2015/08/Anexo-14-2009-Aerodomos.pdf

[16]http://www.skyscrapercity.com/showthread.php?t=1760558&page=24

AICM ACTUAL

4.0km.
Orientación
Santa Lucía
Image © 2015 DigitalGlobe
© 2015 INEGI
© 2015 Google

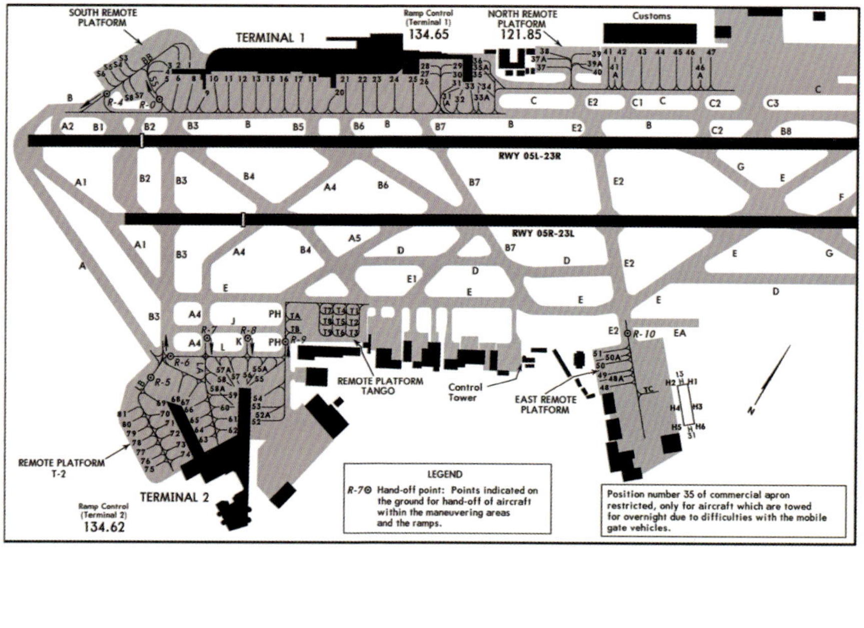
SOUTH REMOTE PLATFORM
TERMINAL 1
Ramp Control (Terminal 1)
134.65
NORTH REMOTE PLATFORM
121.85
Customs
RWY 05L-23R
RWY 05R-23L
REMOTE PLATFORM TANGO
Control Tower
EAST REMOTE PLATFORM
REMOTE PLATFORM T-2
Ramp Control (Terminal 2)
134.62
TERMINAL 2
LEGEND
R-7 Hand-off point: Points indicated on the ground for hand-off of aircraft within the maneuvering areas and the ramps.
Position number 35 of commercial apron restricted, only for aircraft which are towed for overnight due to difficulties with the mobile gate vehicles.

posiciones para salas móviles 7A/B/C, 14A/B, 16A, 19A/B/C/D y 36A) en la Terminal 1 y en la Terminal 2, 23 salas de embarque directo y 7 salas móviles. Haciendo un total de 56 puertas de embarque y 18 salas móviles con un total de 74 salas de operaciones aéreas[17] se cuenta con:

	66	posiciones de contacto
	30	posiciones remotas
TOTAL	96	posición de abordaje

- Hangar presidencial
- Área de carga
- Recinto Fiscal
- Hangares e instalaciones de la Policía Federal
- Estacionamientos
- Tren interior entre terminales
- Hangares de mantenimiento
- Hangares privados
- Instalaciones comerciales y de servicios

Asimismo, dentro del inventario, inclúyanse las instalaciones complementarias:

- Suministro de agua establecido
- Protección de inundaciones
- Vialidades
- Estación del Metro
- Sistema de Hoteles circundante
- Líneas de autobuses
- Tren de intercomunicación
- Comercios, bancos, etc.

INVENTARIO BASE AÉREA MILITAR NÚM. 1, SANTA LUCÍA, ZUMPANGO, ESTADO DE MÉXICO

El predio tiene una superficie aproximada a 2,822 hectáreas, de las cuales se estima que la pista y las instalaciones relacionadas con la operación aérea ocupan 550 hectáreas (19.5 % de la superficie total).

En la base militar se encuentran las siguientes instalaciones aeroportuarias:

- *Una pista de uso exclusivo* para la base militar Santa Lucía.
- *Solamente posiciones de abordaje en plataforma.*

[17]https://es.wikipedia.org/wiki/Aeropuerto_Internacional_de_la_Ciudad_de_M%C3%A9xico

El Aeropuerto Militar Santa Lucía cuenta con otras instalaciones:

- Núcleo habitacional militar.
- Centro comercial interno.
- Talleres.
- Oficinas e instalaciones auxiliares.
- Vialidades.

Para el propósito de este estudio, en este inventario de la Base Aérea Militar núm. 1, Santa Lucía, solo se considerarán las instalaciones que tendrán un aprovechamiento aeroportuario para recibir parte de la volumen de vuelos de pasajeros y carga que sobresaturan al AICM Actual, ya que es *parte del Proyecto Alternativo conservar en uso la Base Aérea Militar núm. 1,* únicamente se considera aplicable al proyecto una fracción del predio de aproximadamente 2,000 hectáreas al oriente de la pista aérea, donde se pueden situar y construir dos y hasta tres pistas de despegue y aterrizaje, cumpliendo las distancias reglamentarias de 1.032 km (1,032 metros) que le permitan su uso simultaneo, para cualquier tipo de aeronave.

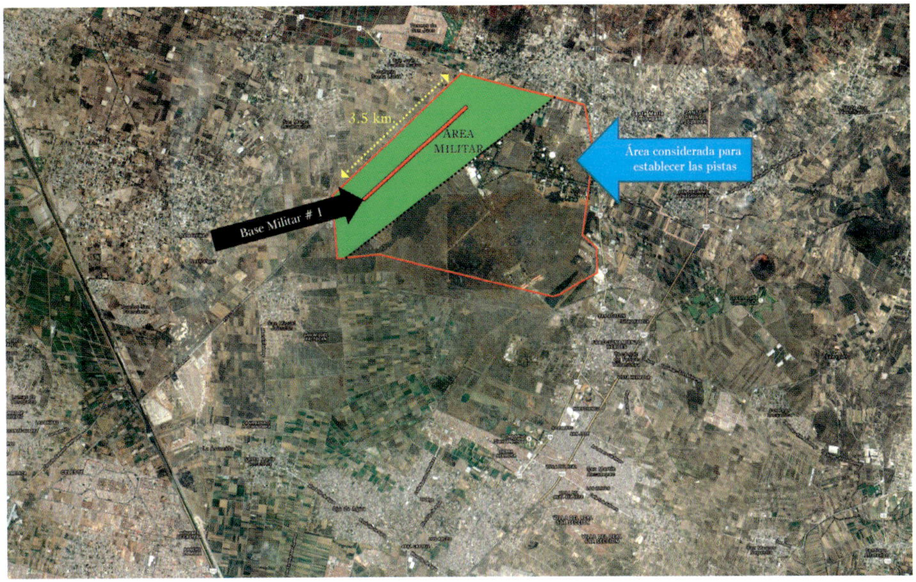

RESUMEN DEL INVENTARIO DE OPERACIÓN AEROPORTUARIA DE LA MEGALÓPOLIS, CIUDAD DE MÉXICO

Los activos aeroportuarios en los que consiste el inventario de la Megalópolis del Valle de México, incluida la Ciudad de México, cuya demanda de los usuarios en el aspecto comercial rebasa la capacidad instalada (en lo militar es suficiente), compuestos por el AICM Actual y la Base Aérea Militar núm. 1, Santa Lucía; específicamente las pistas de aterrizaje y puntos de embarque y desembarque de pasajeros y carga, se determina que son:

1. TRES PISTAS DE ATERRIZAJE, DE 3.5, 4.2 Y 4.7 KILÓMETROS DE LARGO.
   - A. DOS PISTAS DE ATERRIZAJE COMERCIALES (AICM ACTUAL).
     - Simultaneas para navegación menor y sin instrumentos, pero no para mayor con instrumentos e independientes.
     - En estado de operación y programadas para ser ampliadas.

B. UNA PISTA MILITAR DE 3.5 KM DE LONGITUD (Santa Lucía).

- En estado de operación.

2. Dos terminales de embarque de pasajeros (AICM Actual).
    - Con 96 posiciones de embarque y desembarco de pasajeros.
3. Una terminal de carga con Recinto Fiscal.
4. Instalaciones complementarias para servicio y reparación de las aeronaves.
5. Instalaciones de almacén y carga de combustible
6. Hangares particulares.
7. Hangar presidencial.
8. Hangar e instalaciones de la Policía Federal.
9. Oficinas administrativas del aeropuerto.
10. Oficinas administrativas de aerolíneas.
11. Instalaciones para servicios complementarios.

Nuevamente es importante subrayar este *inventario actual*, para el momento de comparar con el *inventario programado* en el proyecto del Nuevo Aeropuerto Internacional de la Ciudad de México (NAICM Texcoco).

TRES PISTAS DE ATERRIZAJE

A. DOS PISTAS DE ATERRIZAJE COMERCIALES (AICM Actual)

B. UNA PISTA MILITAR (Santa Lucía)

Inventario con vida útil remanente a largo plazo, reconocida por la autoridad del ramo en la materia.

PROYECTO ALTERNO

DESARROLLO DEL ANÁLISIS

PROYECTO "SUSTENTABLE" La plena justificación de un proyecto en función de los beneficios sociales que aporte a la operación de los sistemas de la comunidad en la actualidad.

PROYECTO "SOSTENIBLE" (futuro) Desarrollo de un proyecto mediante el cual se satisfarán las necesidades de la actual generación, sin poner en riesgo la satisfacción de las necesidades de las generaciones futuras.

La generación de este anteproyecto está sustentada en el interés y beneficio social, económico y ambiental, y ha considerado preservar, conservar y proteger el medio ambiente para el beneficio de las generaciones presentes y futuras.

INFRAESTRUCTURA COMPLEMENTARIA AL AEROPUERTO INTERNACIONAL DE LA CIUDAD DE MÉXICO

El propósito de este estudio después de analizar diferentes escenarios alternativos que pudieran cumplir con la Hipótesis 2, y siguiendo principalmente los criterios de economía, agilidad, seguridad y sencillez, es presentar la alternativa resultante de utilizar las instalaciones de la Base Aérea Militar núm. 1, Santa Lucía, donde es factible establecer la infraestructura complementaría a la actual, que cumple los condicionamientos señalados en el párrafo anterior con amplitud.

Para satisfacer la demanda actual y la previsible del AICM Actual (dado que no se considera aumentar la separación de las pistas), se requiere incrementar:

- La capacidad en número de despegues y aterrizajes
  Implica mayor número de pistas y plataformas
  El requerimiento de mayor número de aterrizajes y en consecuencia despegues, solamente se resuelve con pistas; *se requiere contar con más pistas*, que deben ser necesariamente de operación simultánea, más eficientes que aquellas con las que cuenta el AICM Actual que por su distancia de separación, la que no cumple reglamentariamente, no pueden operar ambas al mismo tiempo con las naves de mayor tamaño (si opera simultáneamente con aeronaves medianas y menores).

- La capacidad de organizar el ascenso y descenso de los pasajeros
  Implica mayor cantidad de puntos de ascenso / descenso
  La saturación de las instalaciones de espera, ascenso y descenso de los pasajeros, solamente se resuelve teniendo más número de puntos de ascenso y descenso y más salas; pero la planeación de esta solución de incremento de pasillos, plataformas, posiciones remotas y su equipamiento, deberá considerar que, al resolver la sobrecarga de pistas, habrá un mayor número de aviones en tránsito y esto incrementa la población de pasajeros en tránsito y espera.

La alternativa (SAVAM) que se propone se enfoca a únicamente proveer las instalaciones adicionales necesarias, *que sumadas a las existentes en el AICM Actual*, satisfagan la demanda presente (ya insatisfecha) y la futura previsible en el largo plazo, de incremento de pistas de aterrizaje, puntos de ascenso / descenso, y movimiento de carga comercial, contrastando con el criterio de generar necesariamente toda una gran inversión como el proyecto NAICM Texcoco, que elimina y luego reconstruye, sin aprovecha las instalaciones existentes.

También a diferencia del proyecto NAICM Texcoco, en la alternativa del SAVAM se consideran instalaciones que no resulten ostentosas, sino muy decorosas, funcionales y serviciales, respondiendo al objetivo de mejorar la imagen del país ante el mundo entero; imagen de operación eficiente y sobre todo respetuosa del medio ambiente, sustentable y sostenible, es decir que permitan satisfacer hoy las necesidades de la nación, sin deterioro de la satisfacción de las generaciones que nos sucederán.

Una consideración complementaria que rige en este documento, es que el aeropuerto de un país, por original y suntuoso que resulte, no será por sí mismo motivación turística determinante, el pasaje internacional y nacional no acudirá al país o a su capital, México en este caso, por ver su aeropuerto.

El aeropuerto nacional se significará por ser seguro, eficiente, pulcro, moderno y comedido en el servicio que preste, es decir que una instalación aeroportuaria mesurada, pero que cumpla con la calidad funcional esperada por el viajero en los conceptos señalados, dará el mismo resultado promocional que aquella que exhiba una imagen monumental, pero que al final prestará un servicio semejante o inferior al aeropuerto moderado y decente.

En este marco el análisis del escenario alterno, se obtiene de manera contrastante con el Nuevo Aeropuerto Internacional de la Ciudad de México proyectado para construirse el lago Texcoco, el concepto del Sistema Aeroportuario del Valle de México (SAVAM).[18]

[18]http://www.asa.gob.mx/es/ASA/Sistema_Metropolitano_de_Aeropuertos

SISTEMA AEROPORTUARIO DEL VALLE DE MÉXICO

PROYECTO ALTERNO INTEGRADO POR:
AICM ACTUAL (T1+T2)
Y EL AEROPUETO INTERNACIONAL DE SANTA LUCÍA (NUEVO)

LA PROPUESTA alterna es conformar un sistema complementario de aeropuertos, coordinando el manejo de vuelos comerciales y el ascenso y descenso de pasajeros, así como vuelos de carga, distribuyéndolos entre el Aeropuerto Internacional de la Ciudad de México (Actual) y el Aeropuerto Internacional de Santa Lucía (Nuevo) a construirse en los terrenos aledaños de la Base Aérea Militar núm. 1, Santa Lucía.

Para contar con infraestructura suficiente para la demanda actual, *bastaría con la construcción de una pista alterna y su terminal de pasajeros en Santa Lucía*; sin embargo, previendo el desarrollo de la aeronáutica civil en nuestro país y zona de la Megalópolis del Valle de México, y considerando la versatilidad y coordinación entre los aeropuertos se ha considerado la construcción de dos pistas de acuerdo al siguiente anteproyecto

1. En una fracción del terreno de la Base Aérea Militar núm. 1, que es muy amplio, se habrá de establecer un aeropuerto comercial, Aeropuerto Internacional de Santa Lucía (AISL), de dos pistas (adicionales a la militar) de servicio de pasajeros y carga de 4.5 km de longitud, que darían un servicio complementario de manera suficiente al que tiene el aeropuerto AICM Actual; dos pistas adicionales y una terminal de pasajeros, resolverán la angustia y la saturación que tiene la terminal aeroportuaria AICM Actual.
2. El aeropuerto Internacional de Santa Lucía (AISL) y las dos pistas tendrán un uso preferentemente para las aeronaves de mayor dimensión de pasajeros y de carga; para ello, esas pistas nuevas tendrían condiciones de

SANTA LUCÍA 3,000 HECTÁREAS

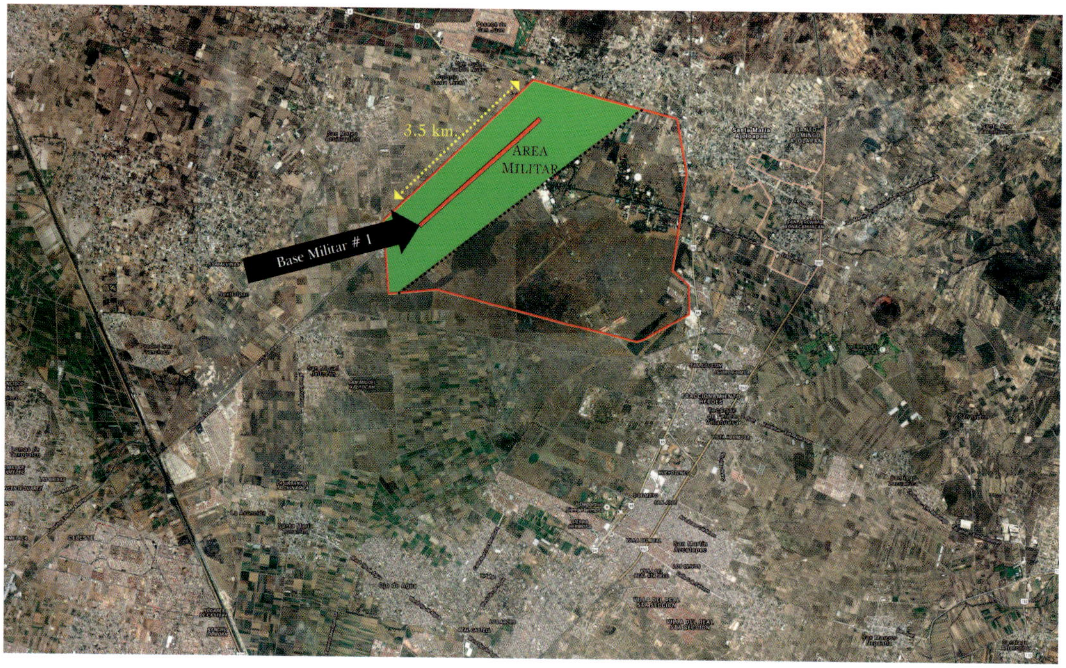

modernidad y de reglamentación que les permiten ser simultáneas (aeronaves mayores).

3. Habrá de construirse el edificio terminal de abordaje pasajeros en el ahora predio militar de Santa Lucía y establecer otra Aduana que permitiera uso nacional e internacional; esta terminal de Santa Lucía (AISL) será de dimensión mucho menor que la necesaria en el NAICM Texcoco, por ser de manejo parcial del pasaje.

4. Deberán de ampliarse, conformarse y agregar estructuras de acceso y salida, pasos altos y deprimidos, de algunas vialidades existentes y establecer *una ruta de tránsito libre y preferente, para unidades viales de interconexión* entre los aeropuertos AICM Actual y el de Santa Lucía.

SANTA LUCÍA 3,000 HECTÁREAS

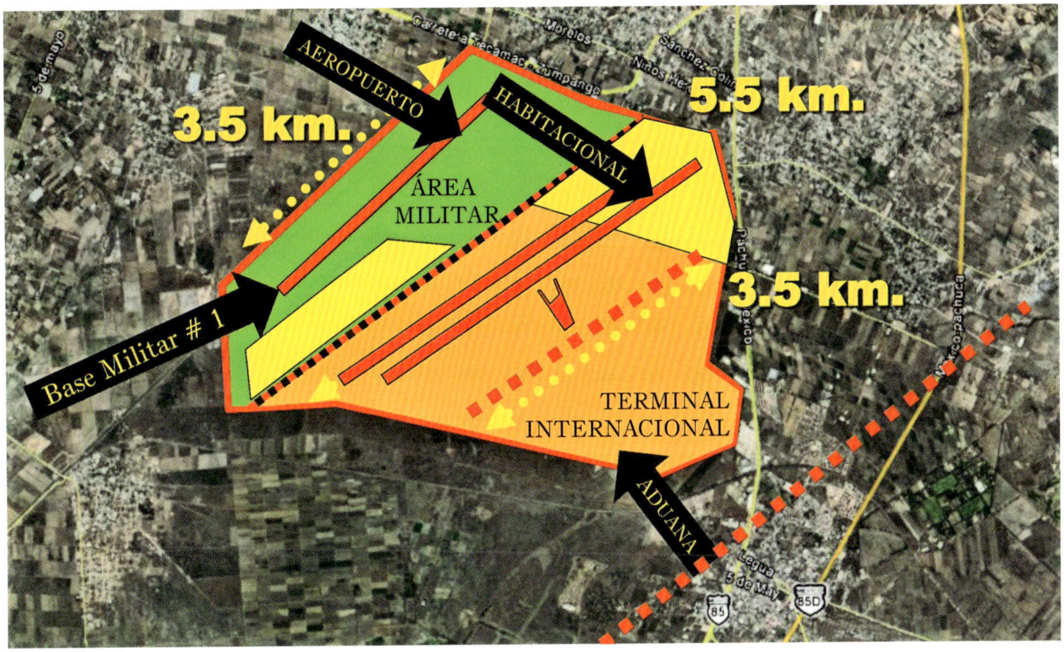

Se requiere una ruta de traslado directo en autobús o tren ligero en una línea libre de manera que le dé seguridad a la persona que efectúa conexiones de vuelos, por ejemplo a la persona que viene de Guadalajara (o cualquier sitio del interior del país) y que tienen que continuar su viaje con un vuelo internacional, o a la inversa que llegan del extranjero a la Ciudad de México y viajarán al interior del país; aunque no sería en todos los casos, ya que se prevé que ambas terminales tendrían simultáneamente los dos esquemas: nacional e internacional.

La distancia que hay entre una y otra tampoco es conflictiva entre los dos aeropuertos en línea recta la distancia es de 30 km, pero si seguimos la línea de vialidades existentes encontraríamos que, con tres tramos:

1. De la autopista Peñón-Texcoco, 8 km.

VIALIDADES: DOS REDES VIALES DE ACCESO

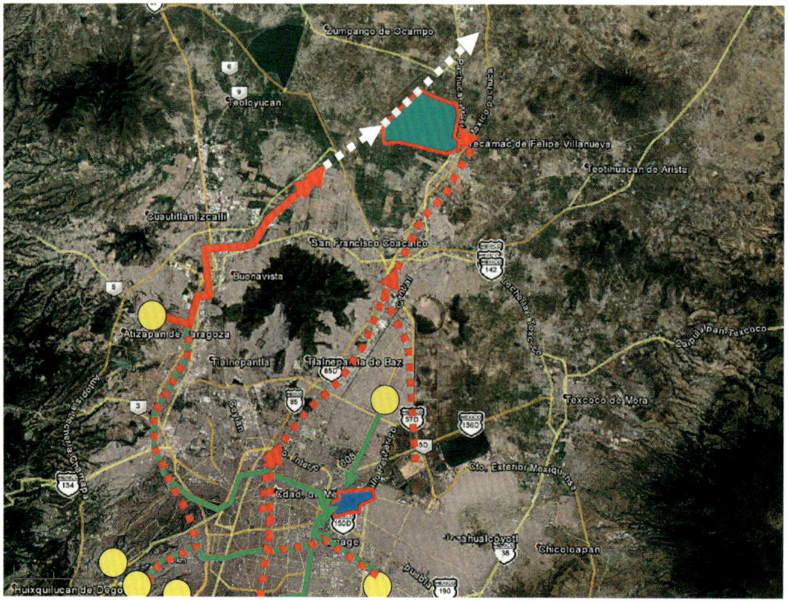

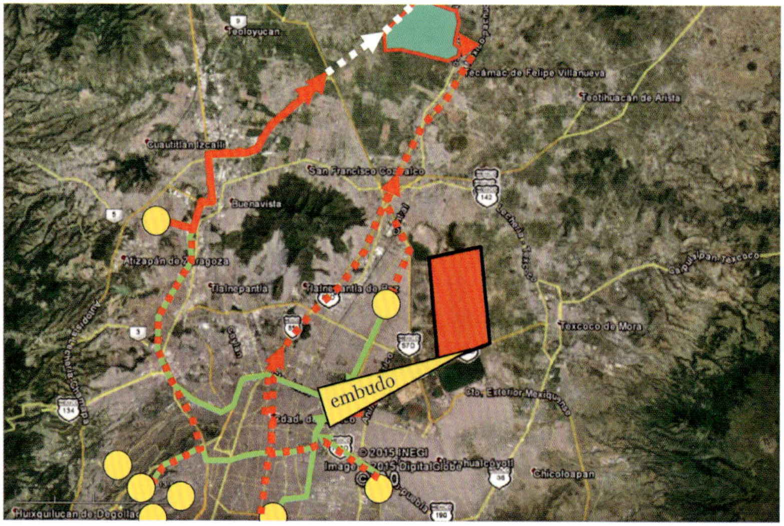

2. De la autopista del Circuito Exterior Mexiquense, 28 km.
3. De la autopista (nueva) a construir, 5 km.

En un total recorrido de 41 km, podríamos estar entre 30 y 40 minutos en la siguiente estación.

Este traslado de personas que van a hacer el transbordo por el tren ligero directo, resultará en un incremento de tráfico mucho menor que el tráfico que se generará por establecer en un solo sitio a 50 millones de pasajeros como será el caso con el NAICM Texcoco.

En cuanto a las vialidades, la demanda de uso del aeropuerto AICM Actual proviene del poniente de la ciudad y actualmente las rutas (oeste-este) que conducen al aeropuerto desde el poniente, están congestionadas, y con el cambio de destino hacia el norte, hacia la Base de Santa Lucía, se vería

VIALIDADES: DOS REDES VIALES DE ACCESO

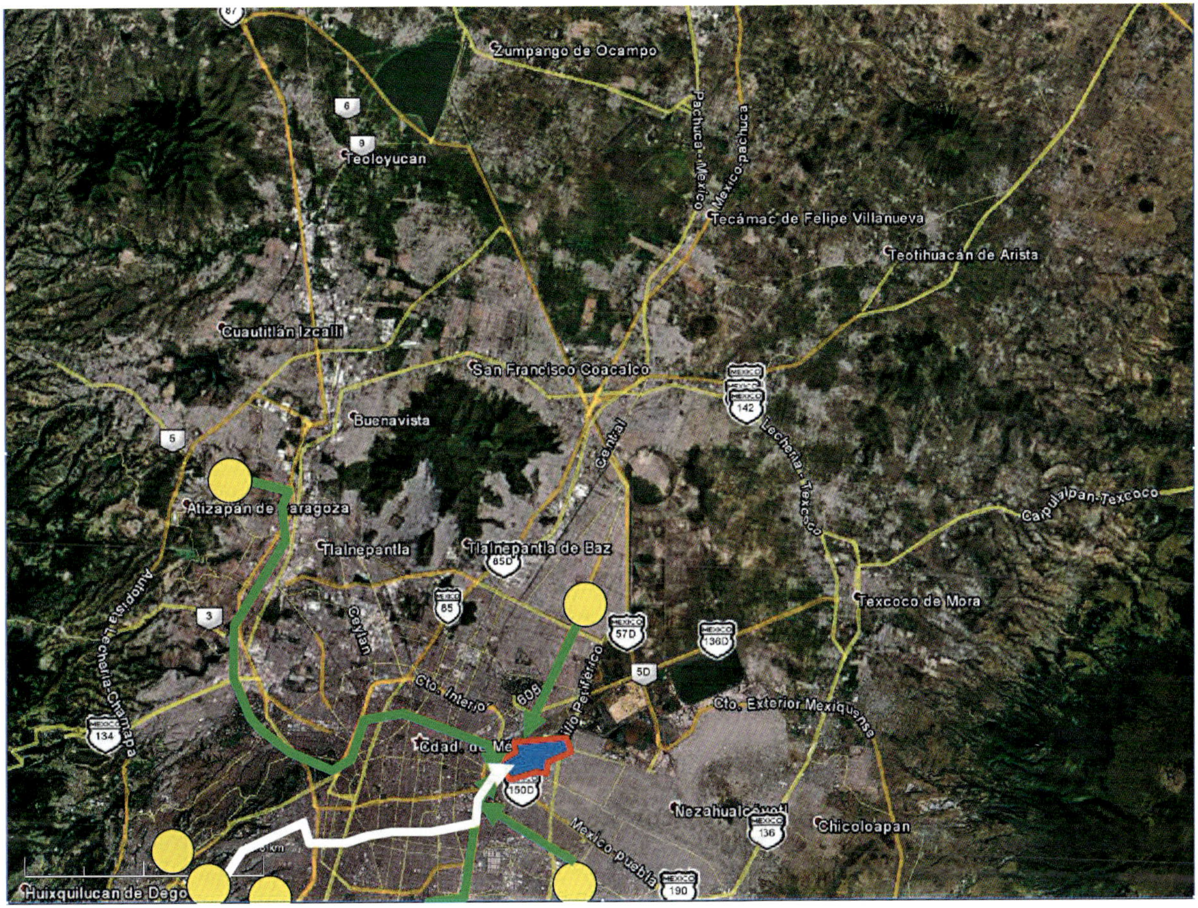

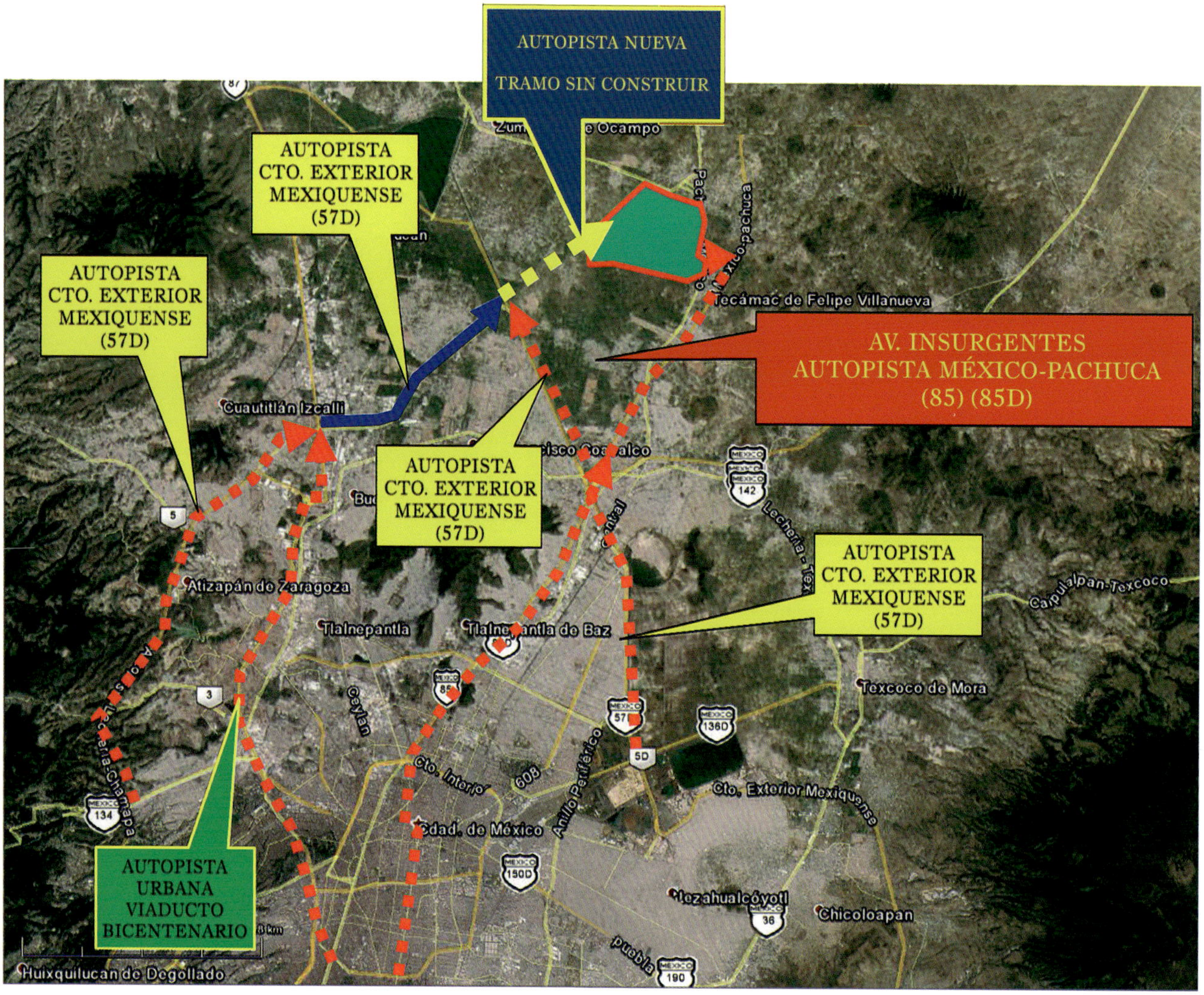
AUTOPISTA NUEVA
TRAMO SIN CONSTRUIR
AUTOPISTA CTO. EXTERIOR MEXIQUENSE (57D)
AUTOPISTA CTO. EXTERIOR MEXIQUENSE (57D)
AV. INSURGENTES AUTOPISTA MÉXICO-PACHUCA (85) (85D)
AUTOPISTA CTO. EXTERIOR MEXIQUENSE (57D)
AUTOPISTA CTO. EXTERIOR MEXIQUENSE (57D)
AUTOPISTA URBANA VIADUCTO BICENTENARIO
Tecámac de Felipe Villanueva
Cuautitlán Izcalli
Atizapán de Zaragoza
Tlalnepantla
Tlalnepantla de Baz
Texcoco de Mora
Cto. Exterior Mexiquense
Cdad. de México
Anillo Periférico
Nezahualcóyotl
Chicoloapan
Huixquilucan de Degollado
Capulalpan-Texcoco
Lechería - Texcoco
Cto. Interior

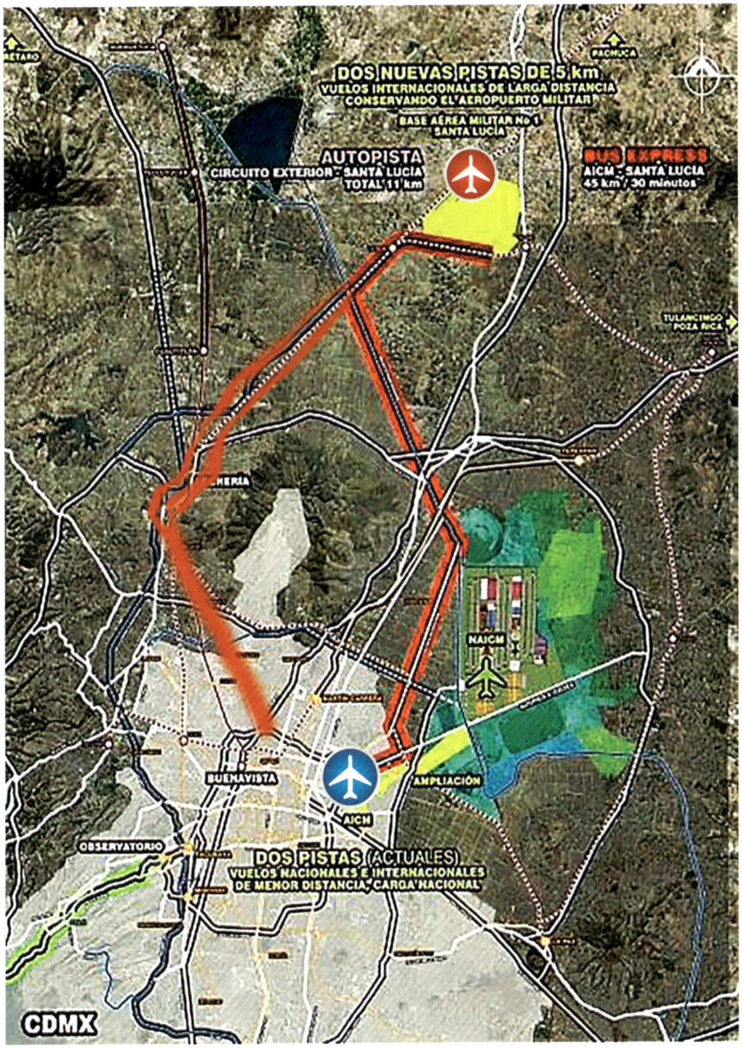

aliviado el congestionamiento. El incremento de vuelos y carga que se proyecta para el NAICM Texcoco creará un embudo que va a saturar el tráfico en las principales vías, Viaducto Miguel Alemán y Circuito Interior, principalmente.

Crear rutas perpendiculares (norte-sur) no solo no colabora con el congestionamiento, sino que libera parte del tráfico actual oriente-poniente, beneficiando además a toda la población de la Ciudad de México, al proporcionar vialidades ampliadas y libres norte-sur, abiertas a todo el público usuario.

Además de establecer la red mencionada, se agregarán la pista Urbana Bicentenario y el tramo La Venta-Circuito Exterior Mexiquense; esta red de más de 200 km, únicamente requiere las ampliaciones mencionadas y la construcción del tramo de 5 km, desde el Circuito Exterior Mexiquense a Santa Lucía.

NAICM SANTA LUCÍA. AEROPUERTO ALTERNO

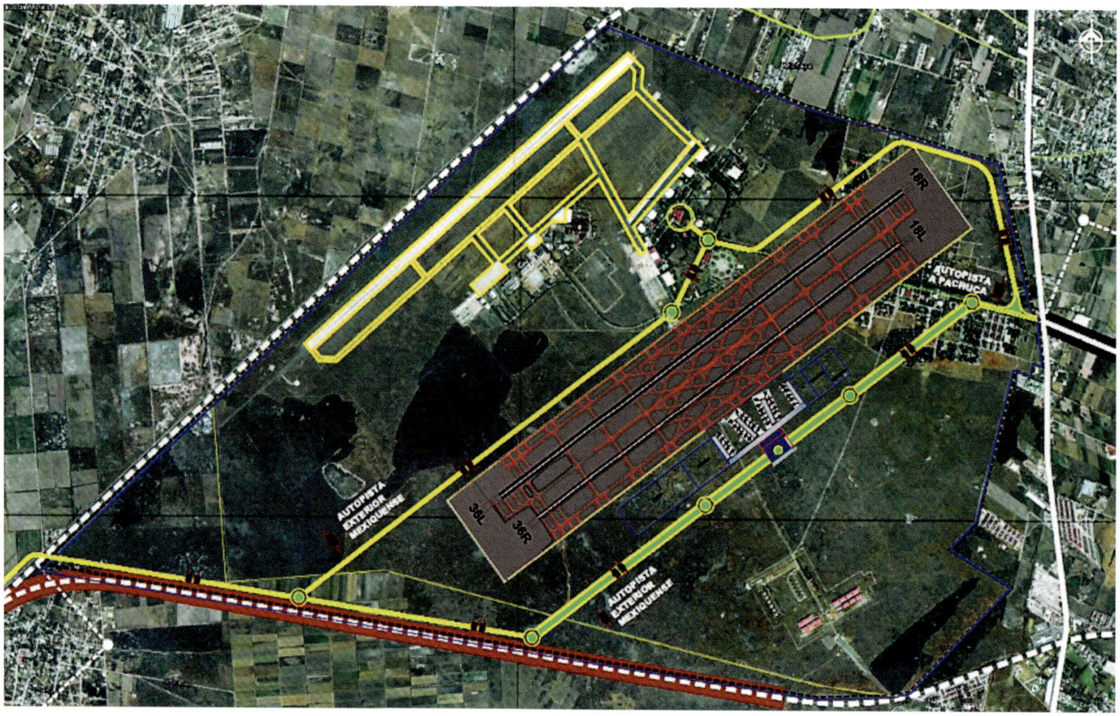

La solución alterna propuesta, es un anteproyecto con principios, métodos y fundamentos diferentes a los utilizados en el NAICM Texcoco, que se conjuntan y logran dar cumplimiento al paradigma principal establecido en el inicio de este documento:

Se requiere un gran proyecto funcional y decoroso, no necesariamente una gran inversión.

En este *Sistema de Aeropuertos* se destacan los parámetros más evidentes de contraste, que son:

Primero. - Se conservan las instalaciones de ambos aeropuertos AICM Actual y Santa Lucía.

Segundo. - En virtud de que se construye solo la estructura faltante resulta en un costo de inversión total menor (30% del AICM Texcoco).

Tercero. - El tiempo de realización se reduce de 20 o más años a tres para tener cuatro pistas comerciales libres.

Cuarto. - Hay un menor impacto ambiental negativo.

Quinto. - Hay un mayor impacto socioeconómico positivo desconcentrado.

Sexto. - Desarrollo social no solamente en beneficio de los usuarios de los aeropuertos, sino de la población circundante a la instalación actual y nueva.

Séptimo. - Mayor seguridad urbana.

Uno de los objetivos de este estudio es determinar si esta inversión monumental en el NAICM Texcoco hará realmente una gran diferencia en eficiencia lo que resulta al construir *un aeropuerto comercial internacional dos pistas en Santa Lucía.*

PROYECTO DE NUEVO AEROPUERTO INTERNACIONAL CDMX EN TEXCOCO

Será construido en un terreno que se encuentra ubicado a aproximadamente 14 km al noreste del AICM Actual, de aproximadamente 4,430 hectáreas de propiedad federal, ubicado en el vaso del exlago de Texcoco, el terreno está limitado al norte con el depósito de evaporación solar "El Caracol", al sur por la carretera Peñón-Texcoco, al este por terrenos salitrosos del vaso del Lago de Texcoco y algunas tierras de cultivo, al oeste por el Circuito Exterior Mexiquense.

En el proyecto del NAICM Texcoco se tienen contempladas para el periodo de los años 2015 2020 como *primera etapa, la construcción de dos pistas comerciales* la distancia reglamentaria (>1.3 kilómetros) que le permita el aterrizaje simultáneo de dos aeronaves.

El proyecto contempla, además, la construcción de una *pista (la tercera)* de uso mixto, que puede ser comercial y usada para servicio militar y por la Policía Federal; los tres conceptos en una pista.

De acuerdo con esta planeación del NAICM Texcoco, en *2020 contará en la primera etapa con tres pistas, dato que resulta relevante en este análisis,* y con ellas, *se asegura, es factible dar el volumen de servicio que resuelve el estado de saturación del AICM Actual*; pero para tener esas pistas además de construir de nuevo (reponer) todo el sistema aeroportuario, hay que edificar todas las salas, hangares, bodegas, centros de combustible; todos los sistemas de apoyo y radares, todos los sistemas de control, la misma torre de control, los sistemas de manejo pasajeros, bandas de equipaje, estacionamientos, esto *porque se eliminaría la infraestructura anterior*; además, habría que construir el sistema de aduana y su recinto, todo el sistema de transporte de carga y sus edificaciones, habría que construir en la pista de usos múltiples (3ª) los recintos necesarios para la Policía Federal, el espacio militar que fuera necesario, y es el caso de que se tendrá que reedificar la base militar sustituto de Santa Lucía, en otra parte, esto último no contemplado en ningún presupuesto publicado.

Hay el proyecto posterior, *segunda etapa*, para el periodo de los años *2020 en adelante hasta el año 2040 o en diferentes versiones, hasta 2060*, donde se construyen tres pistas más y llegan a tener seis pistas totales, pero entre 30 y 40 años.

Las seis pistas satisfarán las necesidades aeroportuarias a 2050 de más de 120 millones de pasajeros proyectados.

RESULTA EVIDENTE QUE ES MEJOR:

Construir dos pistas en Santa Lucía y tener cinco pistas en dos años, a un tercio del costo de tres pistas en tres años o seis pistas en 40 años, en el NAICM Texcoco.

AICM SANTA LUCÍA. CARACTERÍSTICAS

- 32 millones de pasajeros por año.
- 365 mil operaciones por año.
- 2 pistas paralelas no simultáneas.
- 63 puestos de estacionamiento de aeronaves de contacto.
- 46 puestos de estacionamiento de aeronaves remotas.
- 770 hectáreas de terreno.

- No hay información por ser zona militar.

- 50 millones de pasajeros por año.
- 550 mil operaciones por año.
- 3 pistas paralelas simultáneas.
- 94 puestos de estacionamiento de aeronaves de contacto.
- 42 puestos de estacionamiento de aeronaves romotas.
- 4,430 hectáreas de terreno.

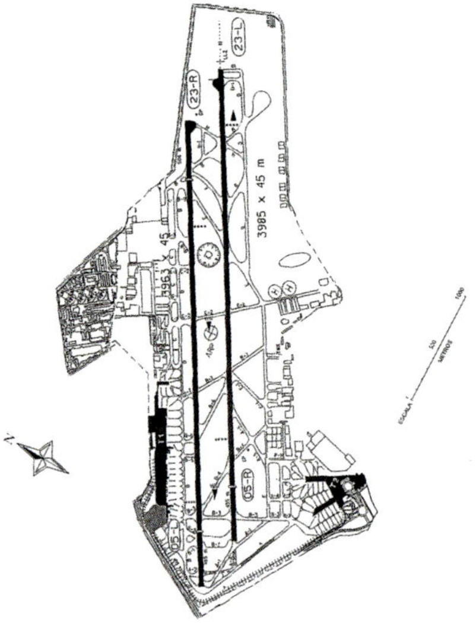

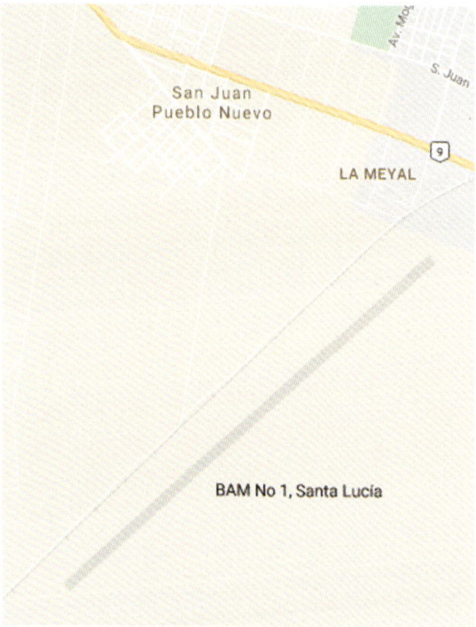

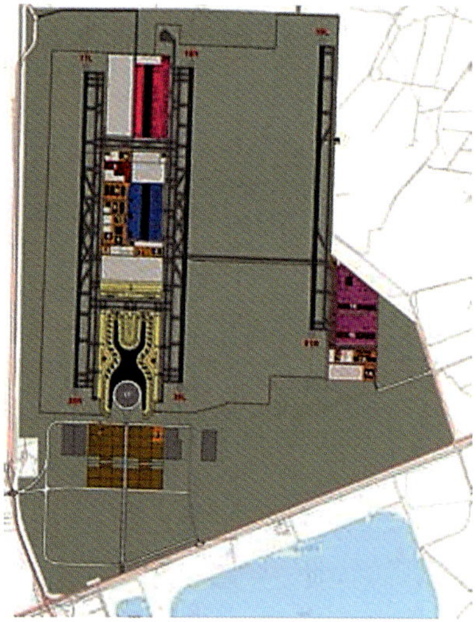

AICM

PRIMERA ETAPA

ACTUAL

TEXCOCO 2020

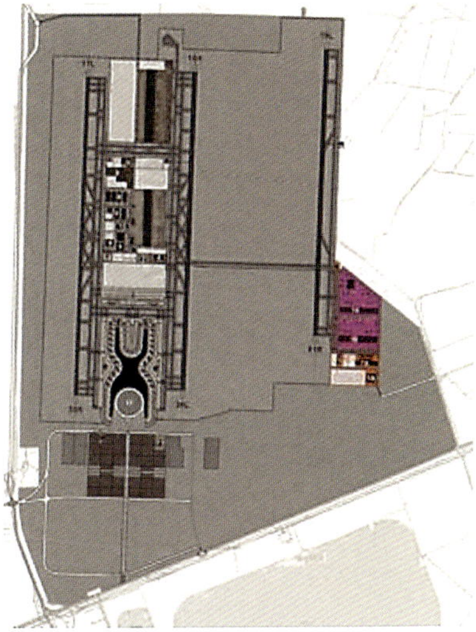

Instalaciones militares y de seguridad, hangar presidencial y pabellón del Estado Mayor.

Hangar e instalciones para:

- SEDENA, UETAM
- Secretaría de Marina
- Policía Federal
- PGR
- SCT
- SEGOB
- SEMARNAT
- SAGARPA
- Banco de México
- SEPOMEX

Servicios para hangares de mantenimiento de aeronaves por empresa, generales; bases y áreas de mantenimiento de aerolíneas reguares y charteras, terminal de helipuerto, instalaciones de avituallamiento (cocina de aire), área para mantenimiento del equipo de tierra.

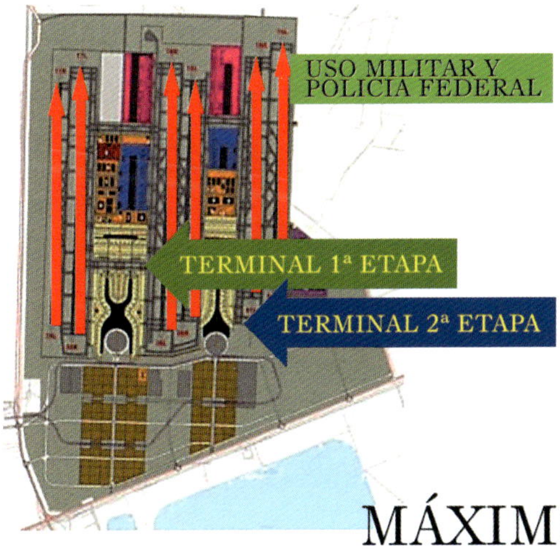

MÁXIMO DESARROLLO

La primera etapa tiene 90 posiciones de contacto y tiene 44 posiciones remotas; contando las posiciones para helicópteros y las posiciones en los hangares de uso oficial o privados se contará con 144 posiciones; este número de posiciones ya la colocan por sobre la capacidad de manejo de pasajeros del AICM Actual.

Tomando este inventario proyectado para el año 2020 como base, *se tiene como resultado del proyecto del NAICM Texcoco como máximo tres pistas terminadas; es decir, la misma cantidad de pistas que actualmente tiene el inventario sumado del AICM Actual y Santa Lucía.*

Haciendo equiparable el servicio que prestará el NAICM Texcoco, a la infraestructura existente en el AICM Actual y Santa Lucía, *la inversión de 169´000 MDP dará como único incremento o beneficio, contar con dos pistas de uso simultáneo para todas las aeronaves,* que es lo mismo que resultaría de separar las pistas del AICM Actual (lo que es hipotético), y que entonces pudiera *funcionar simultáneamente para todas las aeronaves,* porque hoy sí funcionan simultáneamente para aeronaves medias o menores.

INVENTARIO NAICM TEXCOCO

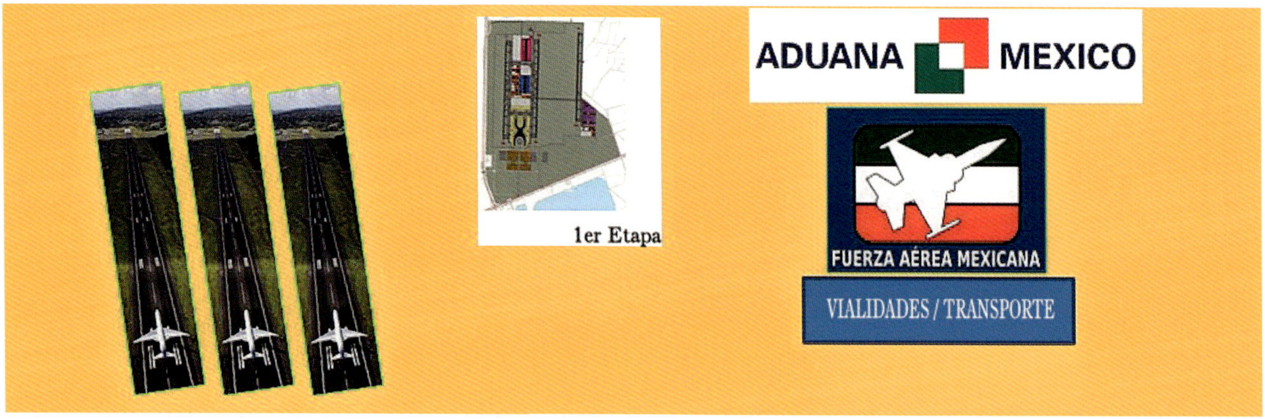

CRECIMIENTO EN 44 POSICIONES

AICM ACTUAL Y SANTA LUCÍA. SE TIENEN TRES PISTAS

- 2 comerciales (no simultáneas)
- 1 militar

ESTAS TRES PISTAS SERÁN ELIMINADAS.

AICM ACTUAL TIENE 96 POSICIONES DE ABORDAJE DE PASAJEROS

NAICM TEXCOCO. SE CONSTRUIRÁN TRES PISTAS

- 2 comerciales (simultáneas)
- 1 militar

NAICM TEXCOCO. SE CONSTRUIRÁN 140 POSICIONES DE ABORDAJE DE PASAJEROS.

Es decir que destruir todo el inventario actual y construirlo de nuevo, con gran costo, da un costo beneficio de "reubicar" una sola pista.

Lo que se considera un incremento real, es el aumento de 44 posiciones mencionado, al pasar de 96 totales en el AICM Actual a las 140 totales que se construirán en el NAICM Texcoco, después de eliminar las 96 del AICM Actual.

El NAICM Texcoco se genera como un proyecto integral que resuelve la saturación de vuelos y pasaje en dos etapas, a tres años y a un plazo largo de 30 años; es un gran proyecto que lo contiene todo, pero todo nuevo.

La realidad es que el NAICM Texcoco conduce a invertir en destruir las instalaciones actuales de dos aeropuertos con vida útil por delante, y luego invertir en *reconstruir en otro sitio, esta estructura que está en funcionamiento pleno actualmente* y que puede continuar operando.

ELIMINACIÓN DE AMBOS AEROPUERTOS

Ha sido poco abordado y de ninguna manera explicado por los promotores del NAICM Texcoco, el aspecto de la eliminación injustificada de ambos aeropuertos, el AICM Actual y el Aeropuerto Militar Santa Lucía, toda vez que existe la alternativa de aprovechar sus instalaciones, que coexisten actualmente en el Área Metropolitana del Valle de México, instalaciones que están operando y a las que les queda todavía vida útil.

La desaparición de las terminales aeroportuarias actuales se da por la única circunstancia del tráfico excluyente que genera la orientación del trazo de pistas del proyecto del NAICM Texcoco, que son perpendiculares a las líneas de aterrizaje y despegue del AICM Actual y del Aeropuerto Militar Santa Lucía; esto impide que conviva con estos dos últimos, por lo que la construcción del NAICM Texcoco, conlleva los costos de la destrucción y desocupación de los terrenos, edificaciones e instalaciones de los dos aeropuertos, tanto del AICM Actual como del Aeropuerto Militar de Santa Lucía y la perdida de amortización de las mismas.

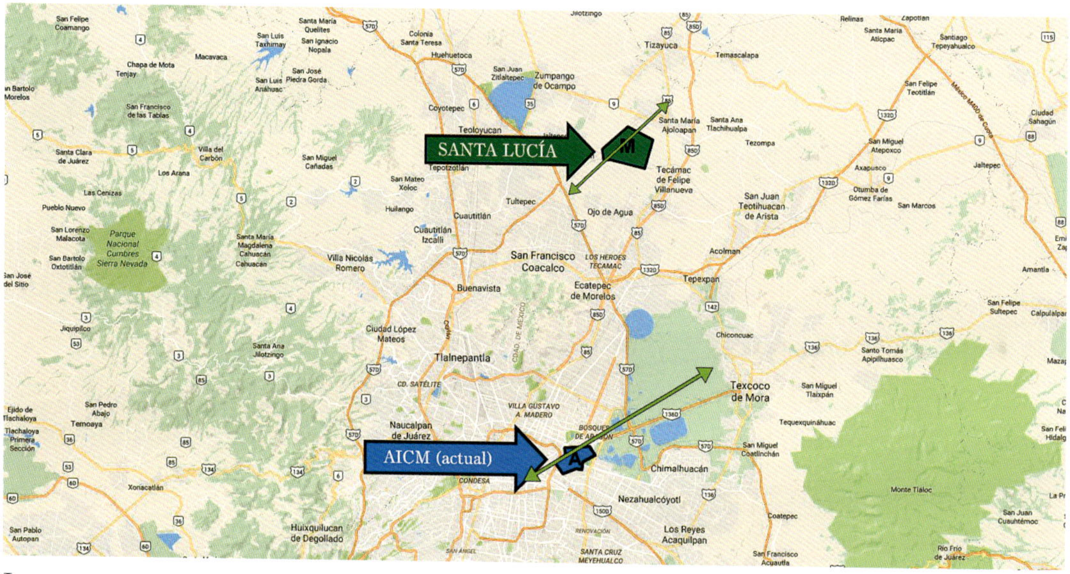

Imagen a

Actualmente la trayectoria de las pistas del AICM Actual y del Aeropuerto Militar Santa Lucía están trazadas de manera casi paralela, lo que permite su uso simultáneo sin riesgos de colisión (véase imagen a).

"Sin embargo, dada la posición del proyecto del NAICM Texcoco y la trayectoria planeada para sus pistas, los polígonos de aproximación y de despegue entrecruzan las trayectorias establecidas para el AICM y Santa Lucía, generando un gran riesgo de colisión en el aire" (véase imagen b).[19]

Imagen b

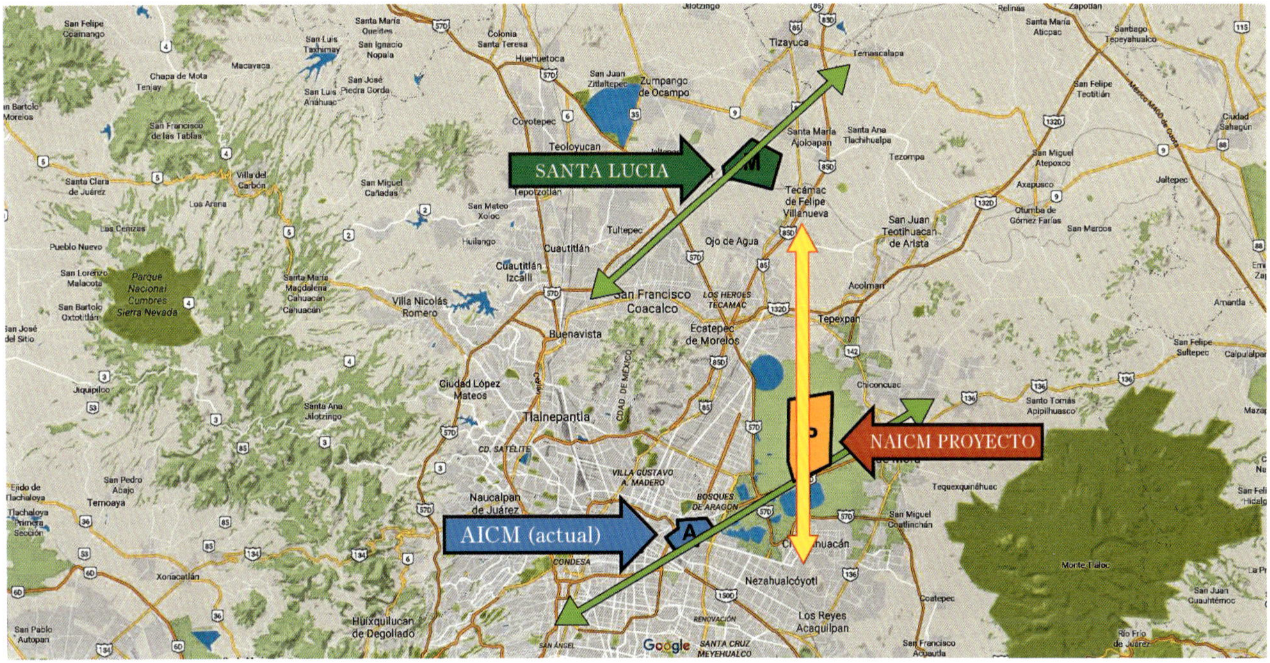

[19]Fuente: (Alternativas para un aeropuerto en la Ciudad de México - Análisis de una persistencia; Almirante AN. PA. DEM (ret) Manuel Rodríguez Gordillo) http://www.pulsocritico.com/actualidad265/Alternativas-para-un-aeropuerto-en-la-ciudad-de-Mexico-analisis-de-una-persistencia-Manuel-Rodriguez-Gordillo.htm

Lo anterior imposibilita la coexistencia de los aeropuertos actuales con el NAICM Texcoco, obligando a la destrucción de ambos y la pérdida material de sus pistas, edificaciones e instalaciones (véase imagen c).

Imagen c

CONSIDERACIONES
AL ANTEPROYECTO DEL SISTEMA AEROPORTUARIO DEL VALLE DE MÉXICO (SAVAM)

PROYECTO ALTERNO INTEGRADO POR:
AICM ACTUAL (T1+T2)
Y EL AEROPUETO INTERNACIONAL DE SANTA LUCÍA (NUEVO)

Como se señaló en el octavo párrafo de la Introducción de este documento, los parámetros que enmarcan este análisis son:

- Costo de inversión total.
- Mejor y mayor aprovechamiento de instalaciones actuales:
  - » Aeroportuarias
  - » Viales
- Menor impacto ambiental negativo.
- Mayor impacto económico positivo.
- Mayor desarrollo social.
- Seguridad urbana.

En este apartado se analiza el cumplimiento de la observancia de cada uno de ellos.

CONSIDERACIONES AL COSTO TOTAL DEL PROYECTO

La primera consideración se orienta al criterio financiero de menor costo, sin que esto implique el recorte indiscriminado de conceptos que sean necesarios para resolver la condición de saturación del AICM Actual o la incorporación de conceptos reducidos en costo, pero que no garanticen el funcionamiento y durabilidad adecuados al anteproyecto.

Aunado al criterio anterior, se establece que no se incorporan aquellos conceptos de proyecto de los que no se justifique su incorporación en el estricto sentido de resolver las deficiencias del servicio aeroportuario.

ANTEPRESUPUESTO

Se conoce el monto del proyecto del NACIM Texcoco $169,000'000,000
(ciento sesenta y nueve mil millones de pesos).[20]

EL ECONOMISTA

DINERO | TUS FINANZAS | TERMÓMETRO | EMPRESAS | ESTADOS | TECNOLOGÍA | POLÍ
RIPE | DEPORTES | ARTE E IDEAS | RANKINGS | EL ECONOMISTA TV | MULTIMEDIA

SEP 26, 2015 | 19:42 Ponen a Volkswagen en la mira
SEP 23, 2015 | 08:49 ¿Qué modelos de VW están afectados por la mentira?
SEP 21, 2015 | 10:28 Se desploma fortuna de Carlos Slim
SEP 24, 2015 Petrobras de 25,000

Nuevo aeropuerto requerirá inversión inicial de 169,000 mdp

El director financiero del Grupo Aeroportuario de la Ciudad de México, Federico Patiño Márquez, recordó que formará parte del patrimonio del gobierno federal, por lo que no se privatiza.

SEP 4, 2014 | 14:28

COMPARTIR FACEBOOK | TWITTER | LINKEDIN | ENVIAR | IMPRIMIR

Archivado en: Industrias | AICM | SCT | Sector Industrial

RELACIONADAS

El nuevo Aeropuerto de la Ciudad de México, el cual requerirá una inversión inicial total de 169,000 millones de pesos, formará parte del patrimonio del gobierno federal, es decir, "no se privatiza, no se concesiona".

El director financiero del Grupo Aeroportuario de la Ciudad de México, Federico Patiño Márquez, aclaró que la nueva terminal aérea capitalina forma parte de los activos y es patrimonio del gobierno federal y, por lo tanto, éste financiará el aeropuerto.

[20]Fuente : http://www.eluniversal.com.mx/entrada-de-opinion/articulo/jose-luis-luege-tamargo/metropoli/cdmx/2016/04/25/naicm-economicamente

Para determinar si la propuesta alternativa del Sistema Aeroportuario del Valle de México (SAVAM) da cumplimiento del criterio de menor costo, como ventaja financiera, se hace necesario contar con un estimado del costo del proyecto SAVAM.

NAICM, económicamente inviable

25/04/2016 | 01:52 |

José Luis Luege Tamargo

Impulsor de una visión metropolitana para el DF. Ingeniero Químico-Metalúrgico por la UNAM. Laboró durante 14 años en el sector privado en el ramo siderúrgico. Diputado Federal en la LIV Legislatura...

FACEBOOK | 97
TWITTER
COMPARTIR

TAGS
José Luis Luege Tamargo

¿Cuál será el costo final del Nuevo Aeropuerto Internacional de la Ciudad de México (NAICM)? Es una pregunta que nadie quiere responder. En enero de 2014, el Secretario de Comunicaciones y Transportes, Gerardo Ruiz Esparza, declaró que el NAICM representaría una inversión de alrededor de 80 mil millones de pesos; poco después, en abril del mismo año, dijo que serían 120 mil millones de pesos; pero en septiembre, Federico Patiño, entonces director financiero del Grupo Aeroportuario de la Ciudad de México, aclaró que el costo sería de 169 mil millones de pesos sólo por la primera etapa que consistirá en tres pistas y una terminal que entraría en operación hasta 2020.

Tomando en cuenta que una de las tres pistas sería para uso del Ejército Mexicano, debido al cierre obligado de la Base Militar de Santa Lucía, al final tendríamos una capacidad menor a la del actual aeropuerto que cuenta con dos pistas y dos terminales, además de la pista de Santa Lucía.

Sin embargo, cuando Federico Patiño habló del costo de la primera etapa no conocía todavía la decisión del grupo de expertos que estudiaba distintas técnicas de cimentación de las pistas. En un documento amplio del Instituto de Ingeniería de la UNAM, se describen con detalle las seis diferentes propuestas que se analizaron para lograr la mejor estabilidad y menor hundimiento en las pistas de aterrizaje en un suelo que presenta subsidencia de entre 20 y 40 centímetros por año.

La decisión adoptada por el consorcio encargado del Proyecto Ejecutivo, encabezado por la empresa holandesa Netherlands Airport Consultants, fue la técnica conocida como "terraplén con precarga y drenes verticales". Sabemos que no es la mejor decisión técnica, pero es un hecho que se trata del sistema de cimentación más costoso de todos los analizados.

EN LA HISTORIA | EL CAMBIO ES POSIBLE MORENO VALLE

COMENTARIOS

0 comentarios Ordenar por Más antiguos

Agregar un comentario...

Facebook Comments Plugin

MÁS SOBRE EL AUTOR

Un constituyente fuera de la realidad
02:30

Plebiscito para el Constituyente
2017-01-09

Impuesto sobre la plusvalía
2017-01-02

Constitución CDMX, a referéndum

Para este objetivo de comparación y coherencia, el antepresupuesto del SAVAM que sirve para determinar el ahorro posible por comparación con el costo del NAICM Texcoco, fue elaborado con *la misma matriz de conceptos y mismos costos*

MATRIZ DE COSTO[21]

RESUMEN DE ESTIMADO DE COSTOS PARA SAADMCR: 2014 ARUP					06/04/2014 5:41 PM
METODO DE CONTRATACION NO-ESPECIFICO: DESRROLO DEL SITIO INCLUIDO EN PROYECTOS EJECUTIVOS					2014 MXN
Construcción	Descripción			Categoría	Contratación
		Proyecto ejecutivo 1: Vialidades externas	$ 5,883,653,177.00	Civil	8%
		Proyecto ejecutivo 2: Acometida de Servicio de Energia Electrica	$ 9,217,610,579.99	Civil	10%
		Proyecto ejecutivo 3: Acometida de Agua Potable	$ 1,231,784,674.09	Civil	1%
		Proyecto ejecutivo 4: Acometidas del Sistema Sanitario pluvai	$ 3,104,070,781.50	Civil	3%
		Proyecto ejecutivo 5: Pistas y Rodajes	$ 4,536,049,227.53	Civil	16%
		Proyecto ejecutivo 6: Plataformas	$ 6,023,710,637.89	Civil	7%
		Proyecto ejecutivo 7: Edifio Terminal De Pasajeros, Vialidades de Acceso y Estacionamientos	$ 35,333,966,702.21	Edificio	38%
		Proyecto ejecutivo 8: Ayudas a ola Navegacón	$ 1,028,700,000.00	Civil	1%
		Proyecto ejecutivo 9: Terre de Controol y Centros de Control de Operaciones	$ 636,129,850.55	Edificio	1%
		Proyecto ejecutivo 10: Edificios de Apoyo	$ 8,354,691,824.44	Edificio	9%
		Proyecto ejecutivo 11: Combistibles	$ 2,951,606,836.00	Civil	3%
		Proyecto ejecutivo 12: Obras Complementarias	$ 2,229,638,407.50	Civil	2%
		Proyecto ejecutivo 13: Camibno y Barda Perimetral	$ 1,559,557,227.50	Civil	2%
		Proyecto ejecutivo 14: Sala de Información	$ 35,750,641.50	Edificio	0.04%
		Proyecto ejecutivo 15: Sistemas Generales del Aereopuerto	67,500,000.00	Edificio	0.07%
		Civil		$ 489,115,571,609	52%
		Bulding Signatures		$ 44,420,057,024	48%
		Costo Dircto Total M,E,M,S		$ 933,436,289,633	
		Indirectos Fijos	$ 3,159,203,676	PORCENTAJE	
		Indirectos Variables en 60 Meses	$ 7,489,938,078	PORCENTAJE	
		Costo Indirecto Total		$ 10,649,221,754	11.40%
		Subtotal Directos + Indirectos	$ 103,992,050,366.00		
		Costos Operativos y Ganancias		$ 18,718,713.07	18%
		PRECIO TOTAL DE CONSTRUCCION			$ 122,711,.563,456

Ing. Y Admon.	Estudios	$ 819,000,000	Aporte de ASA	1%
	MITRE	$ 434,228,337	Aporte de ASA	0%
	Programa Preliminar de Ingenieria & Arquitectura	$ 2,582,369,451	Porcentaje	2%
	Ingenieria & Arquitectura Final	$ 6,786,856,899	Porcentaje	5%
	Gerencia de Programas	$ 1,227,155,635	Porcentaje	1%
	Gerencia, Inspección de Proyectos & Construcción	$ 3,581,346,904	Porcentaje	3%
	Gerencia del Cliente	$ 3,681,346,904	Porcentaje	3%
	Legal	$ 1,227,115,635	Porcentaje	1%
	TOTAL ING & GERENCIA PROFESIONAL		$	20,439,379,673

Agregados	Contingencia Basada en Riesgo	$ 46,368,642,218	Adición	32%
	Aumentos	$ 26,226,949,909	Adición	18%
	Aceleración	$ 4,514,176,953	Adición	3%
	Compromiso Social, Adquisición de tierras, Derecho de Paso Ambiental	$ 5,882,741,621	Aporte de ASA	4%
	Conagua	$ 16,075,084,016		
	Finanzas	$	Excludeed	
	TOTAL DE ADICIONES ADICIONALES		$	99,049,494,717

[21]Matriz de Costos, del costo del proyecto del Nuevo Aeropuerto Internacional de la Ciudad de México (NAICM), *publicado en 2014 por la Consultora de Ingeniería ARUP.*

(actualizados) que los que sirvieron de base para la elaboración del Costo del Proyecto del NAICM Texcoco, *publicado en 2014 por la consultora de ingeniería* ARUP (véase Matriz de costo, p. 67).

De hecho, se toma esta matriz de costo (véase cuadro siguiente) como base de organización y cálculo de obra, así como los costos de gestión, actualizando todos con base en el Índice Nacional de Precios al Consumidor (INPC); incremento que resulta moderado dado los incrementos en costos de construcción.

La misma Matriz de costo *publicada en 2014 por la Consultora de Ingeniería* ARUP (en formato Excel) con los precios originales del año 2014 y su actualización a 2015.

2014		OBRA CIVIL	INPC	OBRA CIVIL
VIALIDADES EXTERNAS		$5,883,653,177	1.0347	$6,087,815,942
ACOMETIDADE SERVICIO DE ENERGÍA ELÉCTRICA		$9,517,810,580	1.0347	$9,848,078,607
ACOMETIDAS DE AGUA POTABLE		$1,231,764,674	1.0347	$1,274,506,908
ACOMETIDAS DEL SISTEMA SANITARIO Y PLUVIAL		$3,104,070,782	1.0347	$3,211,782,038
PISTAS Y RODAJES		$14,535,049,228	1.0347	$15,039,415,436
PLATAFORMAS		$6,873,710,638	1.0347	$7,112,228,397
EDIFICIO TERMINAL / VIALIDADES Y ESTACIONAMIENTO		$35,333,966,702	1.0347	$36,560,055,347
AYUDAS A LA NAVEGACIÓN		$1,028,700,000	1.0347	$1,064,395,890
TORRE DE CONTROL Y CENTRO DE OPERACIONES		$636,129,851	1.0347	$658,203,556
EIDIFICIOS DE APOYO		$8,354,691,829	1.0347	$8,644,599,636
COMBUSTIBLES		$2,951,606,838	1.0347	$3,054,027,595
OBRAS COMPLEMENTARIAS		$2,229,638,468	1.0347	$2,307,006,922
CAMINO Y BARDA PERIMETRAL		$1,559,657,228	1.0347	$1,613,777,333
SALA DE INFORMACIÓN		$35,758,842	1.0347	$36,999,673
SISTEMAS GENERALES		$67,500,000	1.0347	$69,842,250
	SUMAS	$93,343,628,633		$96,582,735,531
	%		%	
INDIRECTOS FIJOS	3.4%	$3,159,283,675	3.4%	$3,268,913,628
INDIRECTOS VARIABLES	8.0%	$7,489,938,078	8.0%	$7,749,845,588
DIRECTOS + INDIRECTOS		$103,992,850,386		$107,601,494,748
	%		%	
ESTUDIOS	1.0%	$819,000,000	1.0%	$1,076,014,947
MITRE	0.4%	$434,228,237	0.4%	$449,296,343
PROGRAMA PRELIMINAR D INGENIERÍA & ARQUITECTURA	2.0%	$2,582,369,461	2.0%	$2,152,029,895
INGENIERÍA & ARQUITECTURA FINAL	6.0%	$6,786,856,899	6.0%	$6,456,089,685
GERENCIA DE PROGRAMA	1.0%	$1,227,115,635	1.0%	$1,076,014,947
GERENCIA DEINSPECCION DE ROYECTO	3.0%	$3,681,346,904	3.0%	$3,228,044,842
GERENCIA DEL CLIENTE	3.0%	$3,681,346,904	3.0%	$3,228,044,842
LEGAL	1.0%	$1,227,115,635	1.0%	$1,076,014,947
		$20,439,379,675		$18,741,550,450
AUMENTOS	21.08%	$26,228,849,909	21.08%	$26,631,627,255
CONAGUA		$16,075,084,016		$16,075,084,016
PROYECTO NUEVO AEROPUERTO DE LA CIUDAD DE MEXICO		$166,736,163,986		$169,049,756,469

FACTOR DE ACTUALIZACIÓN DE PRECIOS AL 2015

Calculadora de inflación Ayuda

La calculadora de inflación le permite conocer cual ha sido la inflación en el período que usted defina. Lo único que debe hacer es indicar el período y oprimir el botón de calcular.

Cálculo de inflación

Índice Nacional de Precios al Consumidor
I n d i c e G e n e r a l

Período: Ene 1969 - Jun 2016 Índice base segunda quincena de diciembre 2010 = 100

Inflación en un período determinado

Seleccione el período de interés y oprima el botón de calcular.

DE Abr / 2014 A Sep / 2015

Inflación **de Abr 2014 a Sep 2015**: 3.47%

Tasa Promedio Mensual de Inflación **de Abr 2014 a Sep 2015**: 0.20%

Calcular Cerrar

MATRIZ DE COSTO (EN FORMATO EXCEL)

Precios de 2015, aplicados a los conceptos de obra del SAVAM

	2015	OBRA CIVIL	%	OBRA CIVIL (SAVAM 2015)
VIALIDADES EXTERNAS		$6,087,815,942	50%	$3,043,907,971.12
ACOMETIDADE SERVICIO DE ENERGÍA ELÉCTRICA		$9,848,078,607	30%	$2,954,423,582.13
ACOMETIDAS DE AGUA POTABLE		$1,274,506,908	30%	$382,352,072.48
ACOMETIDAS DEL SISTEMA SANITARIO Y PLUVIAL		$3,211,782,038	30%	$963,534,611.29
PISTAS Y RODAJES		$15,039,415,436	60%	$9,023,649,261.44
PLATAFORMAS		$7,112,228,397	100%	$7,112,228,397.02
EDIFICIO TERMINAL / VIALIDADES Y ESTACIONAMIENTO		$36,560,055,347	T2	$11,363,449,500
AYUDAS A LA NAVEGACIÓN		$1,064,395,890	100%	$1,064,395,890.00
TORRE DE CONTROL Y CENTRO DE OPERACIONES		$658,203,556	100%	$658,203,556.36
EIDIFICIOS DE APOYO		$8,644,599,636	30%	$2,593,379,890.78
COMBUSTIBLES		$3,054,027,595	50%	$1,527,013,797.64
OBRAS COMPLEMENTARIAS		$2,307,006,922	30%	$692,102,076.70
CAMINO Y BARDA PERIMETRAL		$1,613,777,333	80%	$1,291,021,866.64
SALA DE INFORMACIÓN		$36,999,673	100%	$36,999,673.30
SISTEMAS GENERALES		$69,842,250	100%	$69,842,250.00
SUMAS		$96,582,735,531		$42,776,504,397
	%		%	
INDIRECTOS FIJOS	3.4%	$3,268,913,628	3.4%	$1,447,802,212
INDIRECTOS VARIABLES	8.0%	$7,749,845,588	8.0%	$3,432,407,480
DIRECTOS + INDIRECTOS		$107,601,494,748		$47,656,714,089
	%		%	
ESTUDIOS	1.0%	$1,076,014,947	1.0%	$476,567,141
MITRE	0.4%	$449,296,343	0.4%	$198,993,401
PROGRAMA PRELIMINAR D INGENIERÍA & ARQUITECTURA	2.0%	$2,152,029,895	2.0%	$953,134,282
INGENIERÍA & ARQUITECTURA FINAL	6.0%	$6,456,089,685	6.0%	$2,859,402,845
GERENCIA DE PROGRAMA	1.0%	$1,076,014,947	1.0%	$476,567,141
GERENCIA DEINSPECCION DE ROYECTO	3.0%	$3,228,044,842	3.0%	$1,429,701,423
GERENCIA DEL CLIENTE	3.0%	$3,228,044,842	3.0%	$1,429,701,423
LEGAL	1.0%	$1,076,014,947	1.0%	$476,567,141
		$18,741,550,450		$8,300,634,796
AUMENTOS	21.08%	$26,631,627,255	21.08%	$11,795,150,698
CONAGUA		$16,075,084,016		
PROYECTO NUEVO AEROPUERTO DE LA CIUDAD DE MEXICO		$169,049,756,469		$67,752,499,583
				40.1%

En este análisis comparado no se han considerado economías por:

- Mejor sostén de suelo.
- Aligeramiento de estructuras.
- Simplificación del modelo arquitectónico, etc., que pueden resultar en un presupuesto menor a éste.

El porcentaje de incremento del 21% observado en la penúltima columna hacia la derecha y penúltimo renglón, que se aplica con el concepto AUMENTOS, y se refiere al incremento de costos por inflación en el periodo estimado de construcción, corresponde al periodo presupuestado para el Nuevo Aeropuerto Internacional de la Ciudad de México, que está supuesto en seis años; pero como el

MATRIZ DE COSTO (EN FORMATO EXCEL) 2015

Para conceptos de obra del SAVAM, corregida sin aumentos, por menor tiempo de construcción

		2014 OBRA CIVIL	%	SAVAM 2015 OBRA CIVIL	
VIALIDADES EXTERNAS		$5,883,653,177	50%	$3,043,907,971.12	
ACOMETIDADE SERVICIO DE ENERGÍA ELÉCTRICA		$9,517,810,580	30%	$2,954,423,582.13	
ACOMETIDAS DE AGUA POTABLE		$1,231,764,674	30%	$382,352,072.48	
ACOMETIDAS DEL SISTEMA SANITARIO Y PLUVIAL		$3,104,070,782	30%	$963,534,611.29	
PISTAS Y RODAJES		$14,535,049,228	60%	$9,023,649,261.44	MECÁNICA DE SUELO
PLATAFORMAS		$6,873,710,638	100%	$7,112,228,397.02	
EDIFICIO TERMINAL / VIALIDADES Y ESTACIONAMIENTO		$35,333,966,702	T2	$11,363,449,500	PUNTOS DE ABORDAJE
AYUDAS A LA NAVEGACIÓN		$1,028,700,000	100%	$1,064,395,890.00	
TORRE DE CONTROL Y CENTRO DE OPERACIONES		$636,129,851	100%	$658,203,556.36	ESTRUCTURAS EXISTENTES
EIDIFICIOS DE APOYO		$8,354,691,829	30%	$2,593,379,890.78	
COMBUSTIBLES		$2,951,606,838	50%	$1,527,013,797.64	
OBRAS COMPLEMENTARIAS		$2,229,638,468	30%	$692,102,076.70	
CAMINO Y BARDA PERIMETRAL		$1,559,657,228	80%	$1,291,021,866.64	
SALA DE INFORMACIÓN		$35,758,842	100%	$36,999,673.30	
SISTEMAS GENERALES		$67,500,000	100%	$69,842,250.00	
SUMAS		$93,343,628,633		$42,776,504,397	
	%		%		
INDIRECTOS FIJOS	3.4%	$3,159,283,675	3.4%	$1,447,802,212	
INDIRECTOS VARIABLES	8.0%	$7,489,938,078	8.0%	$3,432,407,480	
DIRECTOS + INDIRECTOS		$103,992,850,388		$47,656,714,089	
	%		%		
ESTUDIOS	1.0%	$819,000,000	1.0%	$476,567,141	
MITRE	0.4%	$434,228,237	0.4%	$198,993,401	
PROGRAMA PRELIMINAR D INGENIERÍA & ARQUITECTURA	2.0%	$2,582,369,461	2.0%	$953,134,282	
INGENIERÍA & ARQUITECTURA FINAL	6.0%	$6,786,856,899	6.0%	$2,859,402,845	
GERENCIA DE PROGRAMA	1.0%	$1,227,115,635	1.0%	$476,567,141	
GERENCIA DEINSPECCION DE ROYECTO	3.0%	$3,681,346,904	3.0%	$1,429,701,423	
GERENCIA DEL CLIENTE	3.0%	$3,681,346,904	3.0%	$1,429,701,423	
LEGAL	1.0%	$1,227,115,635	1.0%	$476,567,141	
		$20,439,379,675		$8,300,634,796	
AUMENTOS	21.08%	$26,228,849,909	12.65%	$7,077,090,419	PROTECCIÓN
CONAGUA		$16,075,084,016			
PROYECTO NUEVO AEROPUERTO DE LA CIUDAD DE MEXICO		$166,736,163,986		$63,034,439,304	
				37.3%	

periodo de construcción estimado para el SAVAM es menor, hubo que reducirse este incremento al 13.65%, correspondiente a los 30 MESES proyectados para este último (véase cuadro p. 64).

En esta matriz (p. 64) se muestran los precios 2015 y volúmenes de obra de anteproyecto correspondientes al SAVAM, es de observarse que el costo se reduce ostensiblemente de $169,000 MDP para el NIACM Texcoco, a $37,000 MDP en el SAVAM.

Para hacer la comparación financiera entre costos homólogos, no es posible considerar ni un método diferente de construcción del presupuesto, ni conceptos diferentes componentes del mismo, pues no hubiéramos podido contrastar un proyecto con otro.

Para habilitar la comparación se usó como base el presupuesto que se publicó en 2014 por el consultor al grupo ARUP el NAICM Texcoco; en esa condición, lo que resulta de nuestros costos es equiparable. Se presenta en formato de trabajo de Excel.

Estos son los conceptos que se tienen en 2014, lo primero que hay que hacer era trasladarlos a 2015 para poder hacer equiparable a la inversión señalada a través del Índice Nacional de Precios al Consumidor publicado por INEGI.

Sustituyendo estos costos se obtuvo la Tabla de Precios 2015, a la que enfrentamos los diferentes volúmenes de obra que tendría el proyecto alternativo con los volúmenes menores de obra:

En la Matriz de la p. 64 se señalan (con flechas) los rubros donde se presenta la reducción presupuestal mayor:

- Mecánica de suelos. - Cimentación muy sofisticada de pistas y edificaciones *solamente lo requiere el NAICM Texcoco.*
- Estructuras existentes. - Descuento por las del AICM Actual que se conservan.
- Puntos de abordaje. - Descuento por las del AICM Actual que se conservan.
- Protección Hidráulica. -*Solo la requiere NAICM Texcoco*.

Durante 2014 se prevé realizar las siguientes obras hidráulicas de protección para el proyecto aeroportuario del NAICM Texcoco:

1. Adecuación de la descarga de la planta de bombeo Casa Colorada de 40 m^3 /seg.
2. Desazolve del Dren General del Valle.

3. Desazolve y ampliación de la laguna de Regulación Churubusco 7 Mm^3.
4. Desazolve de la laguna de Regulación Horaria 3.85 Mm^3.
5. Desazolve de los brazos derecho e izquierdo del Río Churubusco.
6. Construcción del túnel Churubusco-Xochiaca.
7. Construcción del túnel Chimalhuacán II.
8. Revestimiento del Dren Chimalhuacán I.
9. Desazolve y renivelación de bordos del canal perimetral, canal colector y clausura de los canales centrales y plantas de bombeo.
10. Limpieza y adecuación de las lagunas provisionales Xalapango y Texcoco norte.
11. Construcción de estructuras de descarga del lago Nabor Carrillo.

Avances - Hidráulica GACM - NAICM

Estudios de los efectos del comportamiento de los ecurrimientos de la cuenca de los nueve ríos del oriente del exlago de Texcoco más el río de los Remedios y el Dren General del Valle.

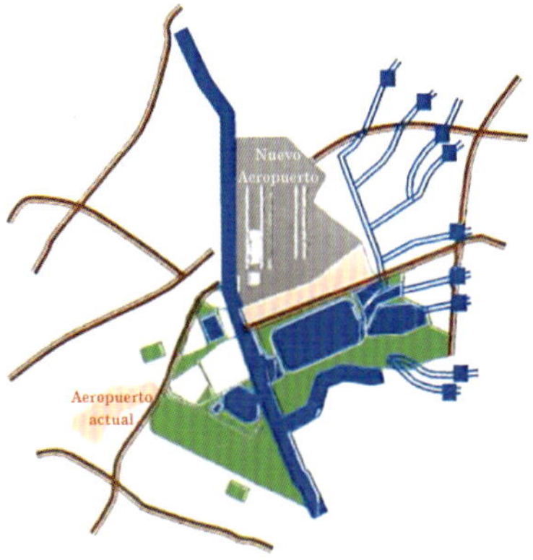

1. Lagunas de regulación
2. Plantas de tratamiento
3. Entubamiento de aguas negras

- Importante infraestructura de regulación así como conducción de mayor capacidad hidráulica.
- Análisis del funcionamiento actual del Sistema Hidráulico del exlago de Texcoco.
- Análisis de funcionamiento futuro del Sistema Hidráulico del exlago de Texcoco.
- Estudio sobre riesgos de inundación.
- Obras hidráulicas para el periodo 2015-2018.

Una vez desarrolladas estas obras hidráulicas se prevé que del 2015 al 2018 se desarrollen las siguientes obras adicionales:

a. Conclusión del túnel Chimalhuacán II y Colector Marginal.
b. Construcción de colectores marginales de los nueve ríos del oriente.
c. Construcción de plantas de tratamiento de aguas locales y regionales.
d. Rehabilitación y reubicación de las plantas de tratamiento ubicadas en el Lago de Texcoco.
e. Construcción del canal o conducto interceptor de siete ríos del oriente.
f. Construcción del túnel Dren General del Valle, desde el Dren Chimalhuacán II hasta la lumbrera 5 del Túnel Emisor Oriente (TEO).
g. Construcción del entubamiento del Dren General del Valle (10.6 km).
h. Construcción del entubamiento canal del Peñón-Texcoco.
i. Construcción de seis sistemas lacunarios para regulación de aguas pluviales y construcción de estructuras de control.
j. Conclusión del túnel Churubusco-Xochiaca.
k. Canal perimetral.
l. Conclusión del revestimiento del Dren Chimalhuacán I.

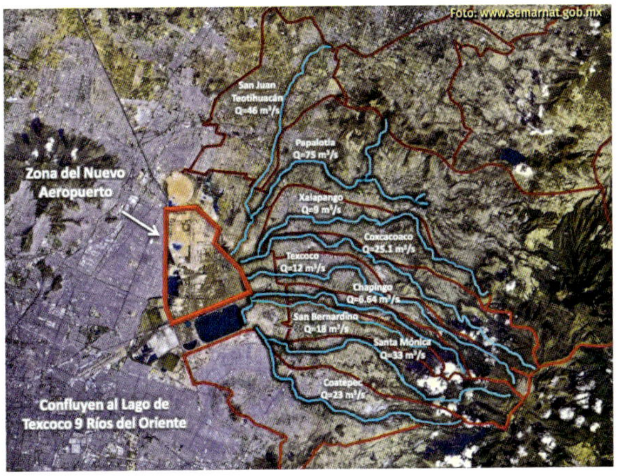

OBSTÁCULOS PARA AMPLIACIÓN

Las cifras son altamente significativas

NAICM $169,049'756,489 MDP

SAVAM $ 63,034'439,304 MDP

REDUCCIÓN EN EL COSTO = $106,015'317,185 MDP

(ciento seis mil quince millones, trescientos diecisiete mil ciento ochenta y cinco pesos).

La explicación resulta simple y evidente:

En el proyecto del NAICM Texcoco se destruye toda la infraestructura existente y se construye nuevamente.

En el caso del SAVAM:

No se destruye lo existente y solamente se construye en el Aeropuerto Militar Santa Lucía, el "faltante de infraestructura" que requiere la demanda de servicios aeroportuarios, ya que una parte estará satisfecha eficientemente con el aicm Actual.

Adicionalmente se favorece la reducción del costo en el caso del SAVAM, por la simplificación de la estructura civil que se requiere en las pistas de aterrizaje y edificaciones, por tratarse de un suelo más estable. Aunado a lo anterior es que, al ser instalaciones de menores dimensiones, la superestructura no requiere de la misma resistencia.

Otro factor es el hecho de que el SAVAM está concebido como un proyecto de condiciones moderadas o discretas, este proyecto no contempla instalaciones suntuarias o de lujo, pero sí decorosas, funcionales, modernas, iluminadas y accesibles para todo público.

CONSIDERACIONES AL TIEMPO DE EJECUCIÓN

Otra consideración de tenerse en cuanta es la del tiempo de ejecución de cada propuesta, partiendo del programa del NAICM Texcoco que dará inicio en diciembre de 2015 y estará en funciones en 2020 como pronóstico más próximo, es decir *cinco años de construcción.*

El SAVAM tiene un tiempo de ejecución estimado de 30 meses o *2.5 años de construcción*, lo que sin duda representa beneficios contrastantes contra el proyecto del NAICM Texcoco:

1. Entrada en servicio anticipada al proyecto NAICM Texcoco, lo que implica el desahogo de la saturación del AICM Actual en fecha más próxima, con ventajas obvias.
2. Menores costos administrativos e indirectos.
3. Menor escalamiento de precios.

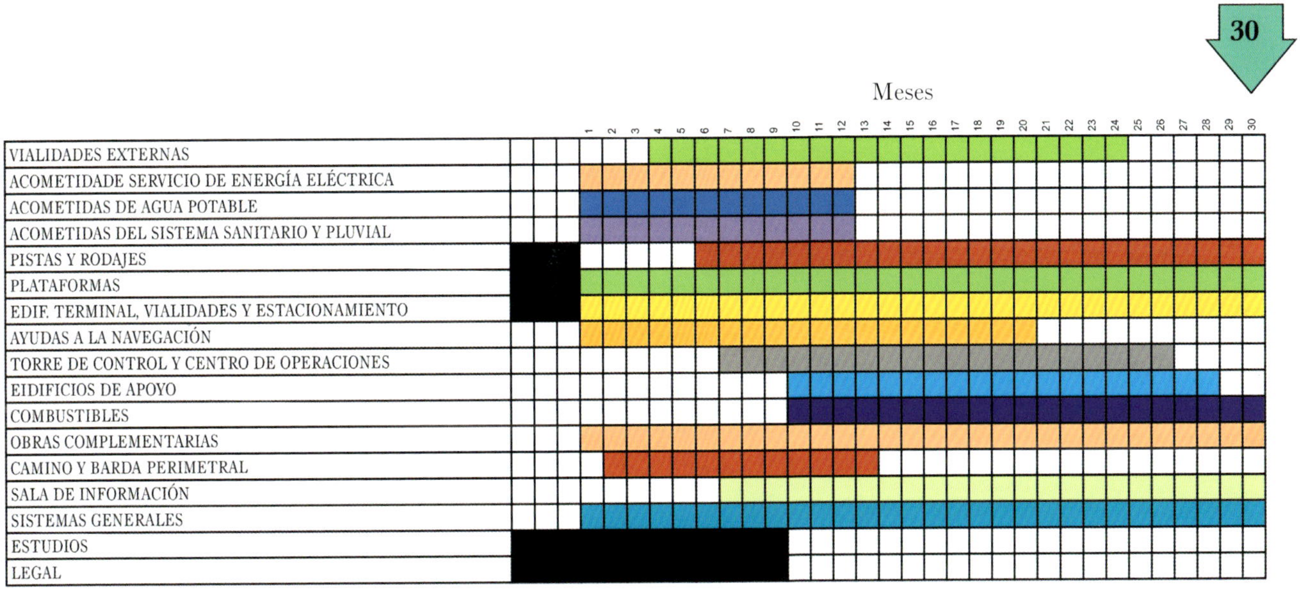

En treinta meses (2018) se proyecta contar con cinco pistas en funciones (dos pistas más que la primera etapa, 2021, de NAICM).

Las consideraciones de costo y tiempo resultan contundentes:

El costo de ejecución del SAVAM representa un ahorro del 63% comparado con el NAICM Texcoco, sin considerar aspectos de simplificación de obra y economía de tiempo.
El tiempo de ejecución programado para el SAVAM, representa un ahorro de tiempo del 50% comparado con el NAICM Texcoco, lo que representa una solución más cercana en el tiempo.

INSTALACIONES AEROPORTUARIAS; LADO TIERRA, LADO AIRE

AEROPUERTO

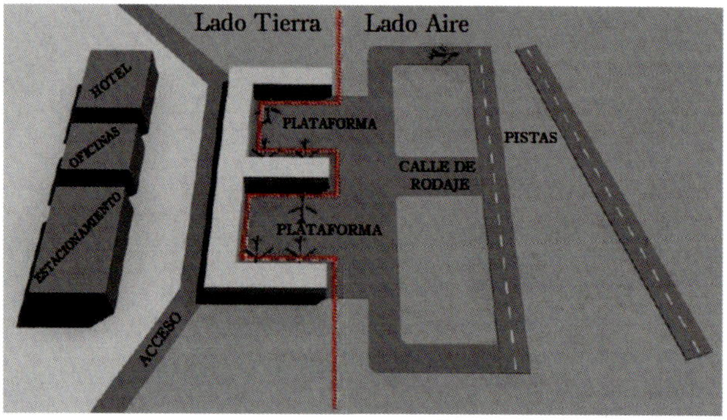

Un aeropuerto se planifica utilizando un documento llamado "Plan Director". El aeropuerto consta básicamente de dos partes: Lado Aire y Lado Tierra.

LADO AIRE.[22] Es la zona del aeropuerto donde tiene lugar la operación aeroportuaria *de las aeronaves.* Su compone del área de movimiento o campo de vuelos, que se divide a su vez en área de maniobras con las áreas de aterrizaje y rodaje, y en plataforma de estacionamiento de aeronaves. El área de aterrizaje consta de las pistas de vuelo y de unas zonas adyacentes que garantizan la seguridad de las operaciones, permitiendo el paso eventual de un avión que salga de la pista. El área de rodaje une la pista de vuelo con la plataforma donde se estacionan las aeronaves.

LADO TIERRA. El lado tierra es la zona del aeropuerto donde se efectúa la operación aeroportuaria *de pasajeros, equipajes y carga previa al embarque o posterior al desembarque* en las aeronaves. La termi-

[22]http://es.slideshare.net/despachantedeAERONAVESUpe/presentacion-upe-l-aire

nal de pasajeros es un edificio que sirve de enlace entre el transporte aéreo y el traslado terrestre. Incluye un sistema de tratamiento de pasajeros y manejo de equipajes, instalaciones para las compañías aéreas, zonas de prestación de servicios, áreas comerciales y salas de espera. Posee tres zonas diferenciadas: pública, de pasajeros y privada.[23]

También se incluyen otras zonas, quizá menos importantes pero vitales para el funcionamiento del aeropuerto como son: central eléctrica, zona de almacenamiento de combustible, talleres, centros intermodales, donde el aeropuerto se convierte en un nodo donde interactúan otros medios de transporte como trenes, autobuses, coche, barco, centros logísticos, y parque de bomberos.

LADO AIRE

El aspecto técnico del lado aire se concentra en el funcionamiento de las pistas,[24] la condición en que éstas operen y el estado físico en que se mantengan; en esta parte de la instalación, el suelo es el factor relevante en la duración, en la economía de recursos y mejoramiento financiero de esta alternativa SAVAM, pues en la ubicación del proyecto del NAICM Texcoco, presenta niveles de suelo lacustre de gran profundidad, contra la condición mucho más estable y de mejor sustento del terreno en la Base Aérea Militar núm. 1, Santa Lucía.

HUNDIMIENTO

El suelo en el lago Texcoco es un suelo acarreado al fondo del lago durante mucho tiempo que tie-

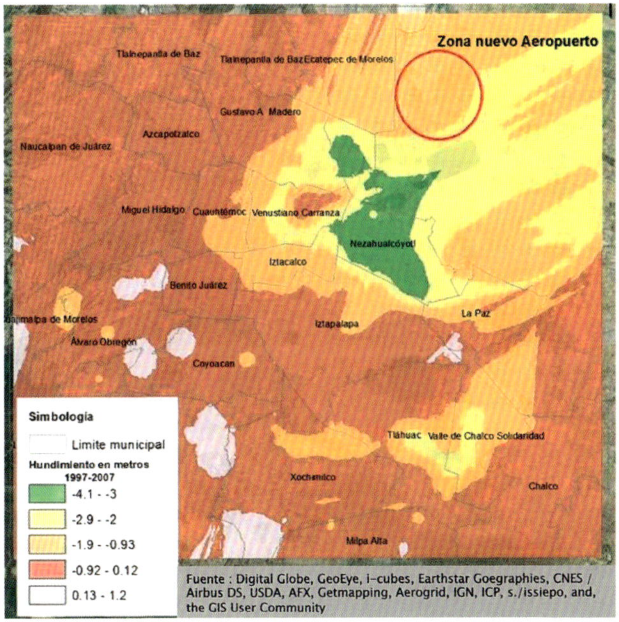

[23] http://noticiasdelaciencia.com/not/12161/
[24] http://www.fsmex.com/foros/archive/index.php/t-59775.html

ne una capa muy profunda de decenas de metros, lo que no ocurre en Santa Lucía, esta es una zona que tiene menor capa de aluvión fango y el suelo que se encuentra firme.[25]

Esto implica simplicidad en las estructuras constructivas de las pistas del SAVAM, comparado con lo que se requerirá para corregir el suelo inestable en el NAICM Texcoco, que está en las zonas de hundimiento de 2 m a 1 m regularmente, lo que no es así en Santa Lucía (véase imagen de p. 77).[26]

Donde se encuentra el proyecto de Texcoco es la parte donde el suelo está más hundido en la Ciudad de México (antes Distrito Federal).

Lo anterior se ve corroborado por la publicación presentada por el Instituto de Ingeniería de la UNAM y su Coordinación de Geotecnia, en

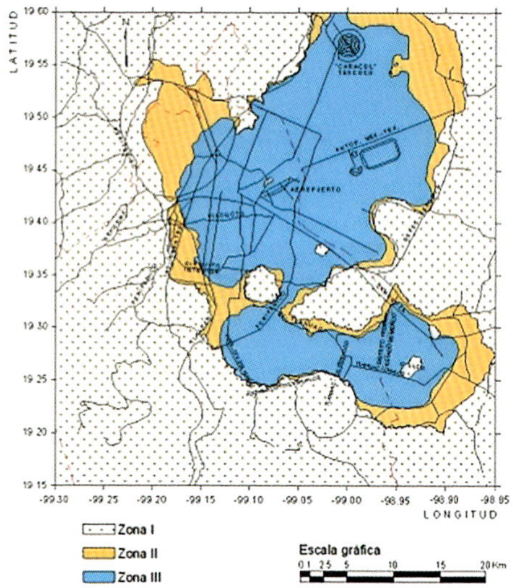

[25]Subsidencia. - Proceso de hundimiento vertical de una cuenca sedimentaria como consecuencia del peso de los sedimentos (o cuerpos) que se van depositando en ella de una manera progresiva.

[26]Fuente: Digital Globe, GeoEye, i-cubes, Earthstar Goegraphies, CNES / Airbus DS, USDA, AFX, Getmapping, Aerogrid, IGN, ICP, s./issiepo, and, the GIS User Community.

MAPA DE SUBSISTENCIA DE LA ZONA METROPOLITANA DE LA CIUDAD DE MÉXICO PARA EL PERIODO 1996-2005

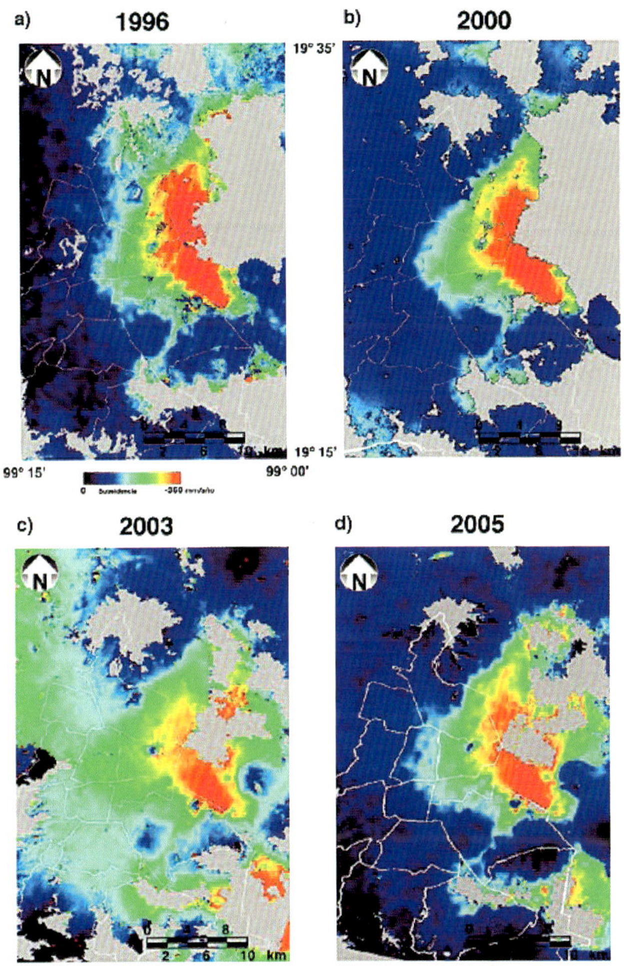

2. Mapas de subsidencia de la zona metropolitana de la Ciuda a el periodo 1996-2005

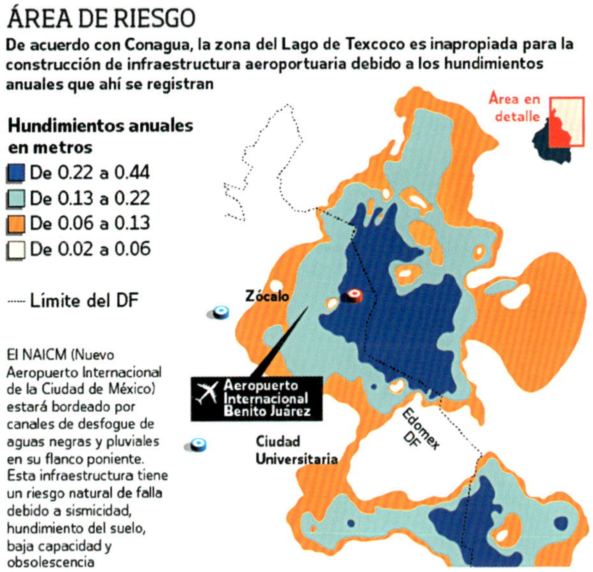

Fuente: Conclusiones Factibilidad NAICM en el Lago de Texcoco, Conagua-Semarnat. Octubre 2012

conjunto con el Grupo de Seguimiento y Evaluación del Consejo de Cuenca del Valle de México.

En la gráfica (de la izquierda) se determina dónde ocurrió el fenómeno de subsidencia para cada año señalado; es de notarse que este fenómeno se manifiesta siempre en la zona del Lago de Texcoco, sede del NAICM Texcoco.

Aunado a lo anterior se incorpora la opinión de la Comisión Nacional del Agua (véase imagen superior), la cual en forma conjunta con la Semarnat (octubre de 2012) publican la inoperancia del Lago de Texcoco como zona aeroportuaria, por el mismo motivo: *el grave hundimiento del suelo.*

SISMICIDAD

En cuanto a sismicidad, la zona del NAICM Texcoco está dentro de la zona ALTA, condición que no se presenta en Santa Lucía, que está en zona de sismicidad BAJA.

Dentro del aspecto técnico debe tomarse en cuenta que en la operación hay consideraciones logísticas delicadas, como lo es *evitar concentrar (mezclar) en una sola pista la operación de las naves de las Fuerza Aérea con las actividades de la Policía Federal.*

El SAVAM deja separados a la Policía Federal en el Aeropuerto Internacional de la Ciudad de México y la operación de las aeronaves militares en Santa Lucía.

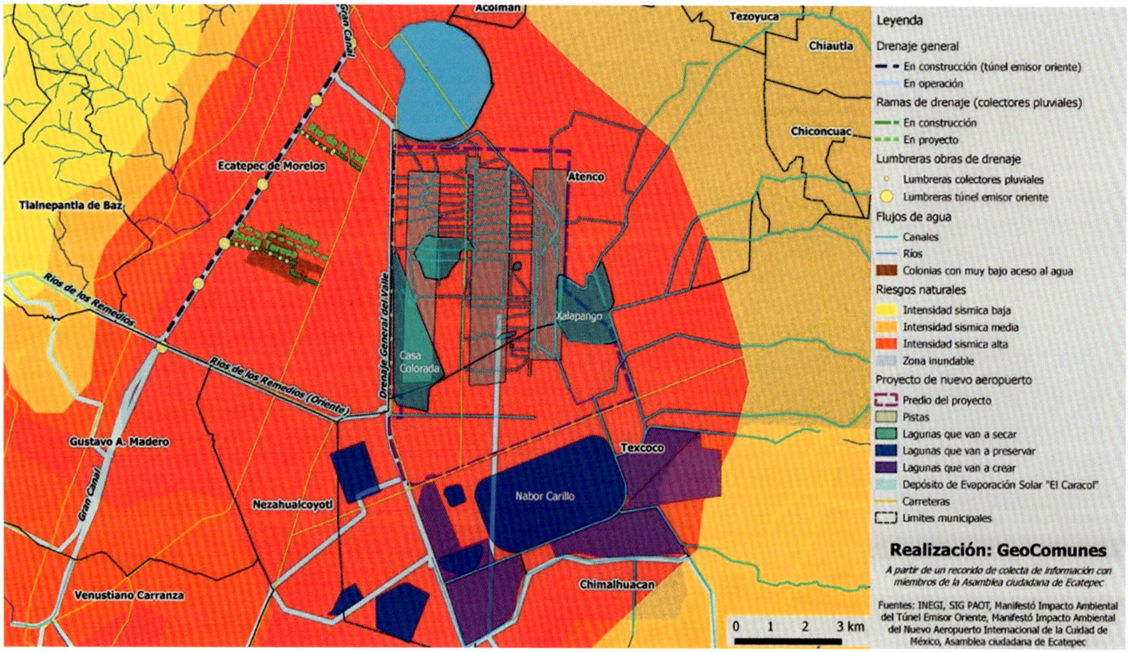

Como complemento al aspecto técnico de operación, se deben incluir consideraciones de planeación del desarrollo en el futuro de la instalación aeroportuaria, por lo que es de señalarse que en esta alternativa del SAVAM se facilita desarrollar el proyecto en etapas, pues actualmente ya se tiene control total (dominio) sobre los terrenos y éstos son suficientemente grandes para soportar el crecimiento previsible.

OPINIÓN TÉCNICA

Como parte de los estudios sobre el Lado Aire se contó con la opinión de personal dedicado al control aéreo y con opiniones de pilotos activos y pilotos en retiro, quienes manifestaron su criterio favorable para el SAVAM; sin embargo, y tomando en cuenta posibles estudios necesarios que no corresponden al nivel de este escenario de anteproyecto, se efectuó la consulta a través de excolaboradores de la organización de aviación civil internacional que es el máximo organismo mundial que dirige la aviación civil, en funciones desde 1947. México es miembro fundador de la OACI y fue uno de los 52 países que negociaron el Convenio Sobre Aviación Civil Internacional en Chicago, en 1944. Asimismo, ha sido miembro del Consejo desde 1947 y es el decimotercer contribuyente al presupuesto de la Organización. México ha sido miembro del Consejo desde entonces.

ORGANIZACIÓN DE AVIACIÓN CIVIL INTERNACIONAL
Organismo especializado de las Naciones Unidas

La Organización de Aviación Civil Internacional (OACI), organismo de las Naciones Unidas con sede central en Montreal, Canadá, es el máximo organismo mundial que dirige la aviación civil entre Estados en funciones desde el 4 de abril de 1947, tiene la consideración de agencia especializada de las Naciones Unidas. Sus fines son:

a. Desarrollo seguro y ordenado de la aviación civil internacional en todo el mundo.
b. Fomentar las técnicas de diseño y manejo de aeronaves para fines pacíficos.
c. Estimular el desarrollo de aerovías, aeropuerto e instalaciones y servicios de navegación aérea para la aviación civil internacional.

d. Satisfacer la necesidad de los pueblos respecto a un transporte aéreo seguro, regular, eficaz y económico.
e. Evitar el despilfarro económico producido por una competencia excesiva.
f. Asegurar que se respeten plenamente los derechos de los Estados contratantes y que cada Estado contratante tenga la oportunidad equitativa de explotar empresas de transporte aéreo internacional.
g. Evitar la discriminación entre Estados contratantes.
h. Promover la seguridad de vuelo en la navegación aérea internacional.
i. Promover, en general, el desarrollo de la aeronáutica civil en todos los aspectos.

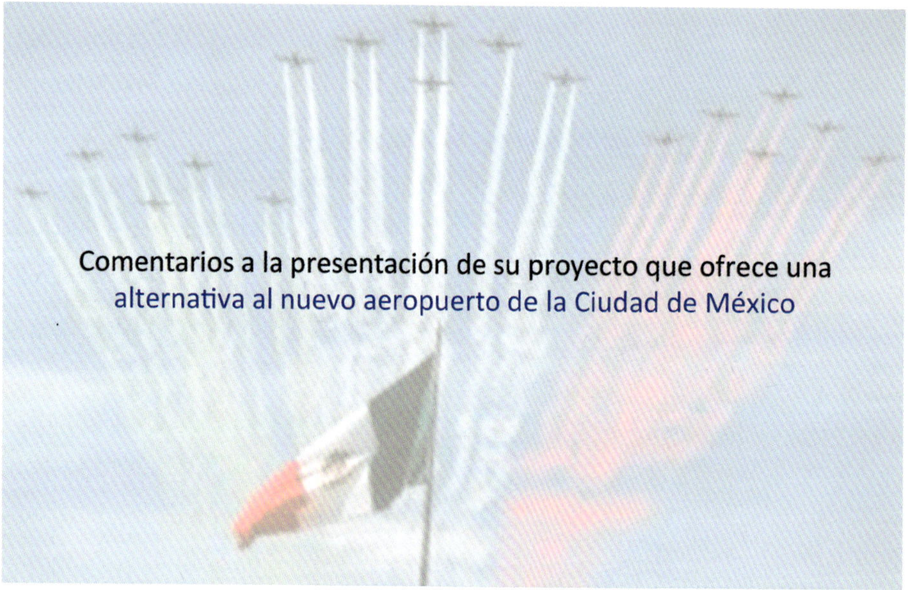

JAIME GONZÁLEZ
Experto OACI en operaciones de control y gestión de tránsito aéreo.

SAMUEL VÉLIZ
Experto OACI en evaluación y certificación de aeropuertos. Trabajo en el proyecto original del NAICM Texcoco.

JESÚS SÁNCHEZ
Experto en planificación aeroportuaria con certificación radar.

Ellos emiten una opinión que establece que el proyecto es totalmente viable
El texto que se presenta a continuación es la transcripción de la opinión mencionada.

ANTECEDENTES

Existe actualmente un proyecto para construir en al vaso de Texcoco un nuevo aeropuerto para la Ciudad de México, cancelando el actual (MEX) y eliminando la base militar de Santa Lucía.

Se ha presentado una alternativa que contempla la remodelación de la base militar Santa Lucía para su inclusión como un complemento al actual aeropuerto.

Esta alternativa ha sido descalificada por considerarse técnicamente inviable, debido a:

- La cercanía de ambos aeropuertos.
- La altura de la Ciudad de México.
- La imposibilidad de compartir el espacio aéreo.
- La contaminación ambiental por ruido que generaría el tener 2 aeropuertos.
- El hecho de que la construcción de un nuevo aeropuerto es un proyecto que requiere al menos 5 años de estudio.

El equipo que presenta el proyecto alternativo ha contactado a un equipo de expertos de talla internacional con amplia experiencia en materia de:

- Construcción de aeropuertos.
- Certificación de seguridad aeroportuaria.
- Control de tráfico aéreo.

Se ha solicitado a este equipo que emita una opinión al respecto de los argumentos que descalifican el proyecto.

La opinión de este equipo es meramente de carácter técnico y pretende ser lo más objetiva posible, haciendo hincapié que es *a priori* y que se requieren de estudios para poder emitir un peritaje oficial.

EL PROYECTO ES TOTALMENTE VIABLE

Habría que solicitar al equipo que lo descalificó, un documento que avale técnicamente sus suposiciones, ya que en nuestra opinión:

- Presentaron como debilidades situaciones que en realidad son fortalezas del proyecto, por ejemplo, la relativa a la contaminación por ruido. Los procedimientos de atenuación de ruido están muy claros por parte de la OACI y este proyecto hace un gran aporte social en materia de descontaminación al alejar el ruido de las zonas urbanas y disminuir la cantidad de operaciones en el actual aeropuerto o concentrar el crecimiento del mismo en una sola aérea.
- Pasaron por alto que hay múltiples ejemplos en el mundo de operaciones aeroportuarias similares a las que se pretenden, *verbigracia* las de los aeropuertos JFK y La Guardia en New York, separados por tan solo 17 km y con el triple de operaciones aéreas que la Ciudad de México. Solo se tiene que trabajar en el rediseño del espacio aéreo.

Una vez que se cuente con el documento oficial que establezca los criterios que fueron base de las descalificaciones se debe proceder a dar respuesta puntual al mismo.

Las respuestas al documento o las futuras presentaciones de este proyecto alternativo deben considerar las normas, procedimientos reglamentaciones de la OACI y de materia aeronáutica en general.

Si se considera necesario, este equipo puede elaborar un peritaje oficial que ayude a determinar la viabilidad real del proyecto desde una visión técnica-aeronáutica-objetiva.

Dentro del desarrollo de las presentaciones ha habido quien descalifica verbalmente el SAVAM.

A los que descalifican el SAVAM se les requirió un documento que exponga y avale técnicamente sus criterios de controversia. Hasta este momento no contamos con dicho documento.

CONSIDERACIONES A LA INFRAESTRUCTURA RESULTANTE DEL LADO AIRE

Si hacemos una comparación de qué tendrá el NAICM Texcoco contra qué tienen el AICM Actual y Santa Lucía, veremos que actualmente se tienen:

- Dos pistas comerciales *que no son simultáneas.*
- Una pista militar.

Es decir que, el grupo de dos aeropuertos tiene tres pistas en operación actualmente (que serán eliminadas) y el proyecto del NAICM *Texcoco propone las mismas tres pistas simultáneas.*

LADO TIERRA

En lo que respecta a puntos de embarque y desembarque de pasajeros, el AICM *Actual tiene 96 posiciones (mismas que serán eliminadas), para construir 140 posiciones nuevas, que son la reposición de las 96 posiciones eliminadas del* AICM *Actual, más 44 posiciones adicionales, que son realmente el crecimiento de infraestructura.*

Lo anterior se contempla desproporcionado entre el monto a invertir de $169,000 MDP y lo que se va a obtener por ello, dado que *es lo mismo que se tiene ahora* en número de pistas (es decir tres) y 44 el aumento de posiciones de embarque, resulta obvio el cuestionamiento.

¿Por qué no conservar lo existente que sí funciona, y crecer únicamente la infraestructura en lo necesario, sobre todo sabiendo que no es necesario destruir lo existente?

Esta es la postura del SAVAM, que contempla *construir únicamente dos pistas y una instalación aeroportuaria semejante a la Terminal 2 del* AICM *Actual* con 50 posiciones, con una inversión reducida de $63,000 MDP.

NAICM

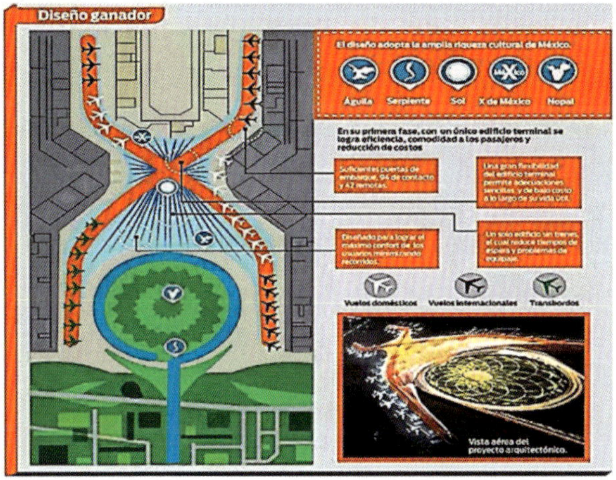

Conservando las instalaciones anteriores, no solo se resuelve la saturación, sino que se tiene un resultado más eficiente, *puesto que con las dos pistas adicionales de Santa Lucía, se tendrían cinco pistas vigentes en un plazo mucho menor que el* NAICM *Texcoco* y sin esperar los periodos largos de 30 años, de la segunda etapa de NAICM Texcoco.

Se tiene que construir una segunda aduana, cierto; se tendrá que ampliar y adecuar vialidades, construir algunos pasos libres preferentes en estas ampliaciones, de algunos carriles de vialidades, cierto también; y ciertamente hay que construir un tramo de 5 km, pero todo esto está considerado en el antepresupuesto del SAVAM y resulta mucho menor aun con estas adiciones.

OTRAS CONSIDERACIONES FINANCIERAS

Financieramente el monto de inversión en el NAICM Texcoco es de flujo de efectivo, es decir señala que habrán de disponerse de $169,000 MDP; pero omite mencionar que debería además considerar que se "desperdician" la vida útil de dos aeropuertos: el AICM Actual y el Aeropuerto Militar de Santa Lucía, los que quedan eliminados en plena actividad.

La mejor alternativa financiera es aprovechar la infraestructura del AICM Actual y de la Base Aérea Militar núm. 1, Santa Lucía.

Esta alternativa no requiere compra de tierra, concepto de muy alto costo, pues en el SAVAM el terreno que ya es de propiedad federal, y con la superficie existente en ambos aeropuertos, es suficiente.

No requiere de obras de protección hidráulica, actualmente funcionan ambos.

El monto de inversión se concreta a la construcción de dos pistas adicionales en Santa Lucía y su terminal y la actualización de las instalaciones del AICM Actual.

Se aprovecha la *vida útil remanente* de estructuras recién construidas y otras remodeladas:

- Terminal 2.
- Remodelación de Terminal 1.
- Hangar presidencial.
- Plataformas.
- Renovación de pistas.[27]
-

Se requiere establecer una ruta de traslado de pasajeros confinada y libre, entre ambos aeropuertos (autobús).

[27]http://eleconomista.com.mx/industrias/2016/03/06/aicm-inicia-proceso-rehabilitacion-pista

https://www.elsoldemexico.com.mx/finanzas/83915-sct-lanza-hoy-bases-para-licitar-pistas-del-aicm

http://www.aerovics.mx/pilotos-ven-razonable-nivel-de-seguridad-en-el-aicm

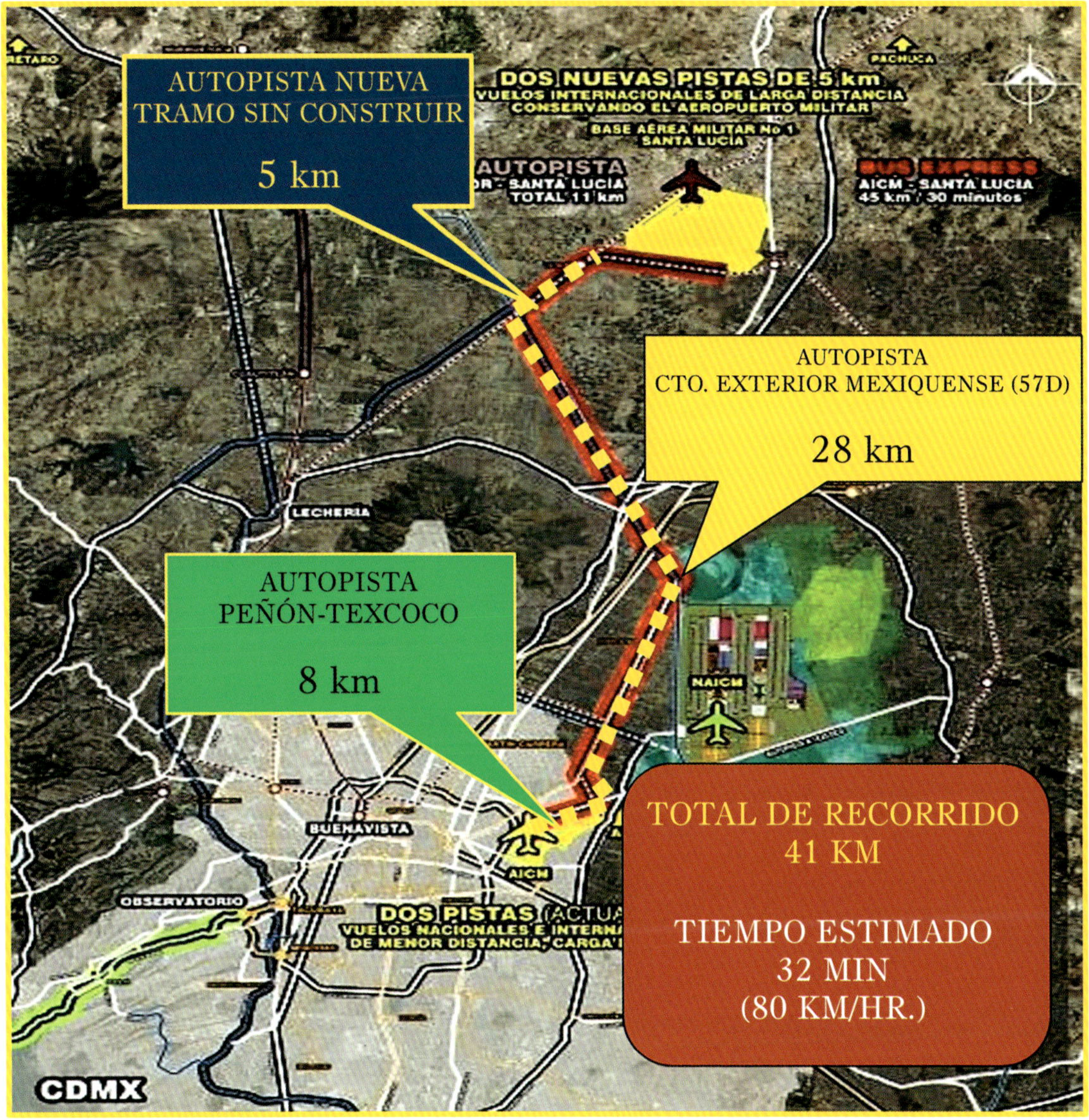

PACHUCA
AUTOPISTA NUEVA
TRAMO SIN CONSTRUIR
5 km
DOS NUEVAS PISTAS DE 5 km
VUELOS INTERNACIONALES DE LARGA DISTANCIA
CONSERVANDO EL AEROPUERTO MILITAR
BASE AÉREA MILITAR No 1
SANTA LUCIA
AUTOPISTA
TOTAL 11 km
BUS EXPRESS
AICM - SANTA LUCIA
45 km / 30 minutos
AUTOPISTA
CTO. EXTERIOR MEXIQUENSE (57D)
28 km
LECHERIA
AUTOPISTA
PEÑÓN-TEXCOCO
8 km
NAICM
BUENAVISTA
AICM
OBSERVATORIO
DOS PISTAS
TOTAL DE RECORRIDO
41 KM
TIEMPO ESTIMADO
32 MIN
(80 KM/HR.)
CDMX

En la alternativa de remodelar y usar los dos aeropuertos existentes, la construcción se limita a la edificación de la terminal de pasajeros y a las instalaciones de manejo de carga en el predio del Aeropuerto Militar Santa Lucía, lo que reduce significativamente el monto de inversión dando mayores resultados.

La reducción de los volúmenes de obra que estará ubicada mayoritariamente en la Base Aérea Militar núm. 1, Santa Lucía, hace que el costo unitario se reduzca, al disminuir dimensiones, se reducen claros de edificación y con ello las estructuras y su resistencia; son menos número de niveles de construcción, menos espacios de andadores, reducción de áreas de servicios y de sistemas, estacionamientos, oficinas de administración y otras. Un aspecto benéfico adicional es la estructura del suelo más sólida (en el proyecto NAICM Texcoco es suelo lacustre de alto nivel de hundimiento), representan una reducción adicional al monto de inversión.

La reducción superficial de desplante y volumen de obra, y la eliminación de obras de protección hidráulica que no se requieren, redunda en una reducción importante de tiempo para la realización de la adecuación aeroportuaria, y con ello disminución de costos financieros dado que se *empieza a amortizar el crédito en plazo más breve* que en el NAICM Texcoco, lo mismo sucede con los gastos administrativos e indirectos.

La reducción de inversión, tiempo de obra, eliminación de conceptos innecesarios, etc., hace más rentable el desempeño financiero esperado de las terminales, *reduce el monto de crédito, el plazo de amortización, por ende, el monto de intereses;* todos éstos son beneficios financieros del SAVAM.

El costo de mejoramiento de vialidades se aplicará sobre vialidades existentes, con menor costo que crear vialidades en el Lago de Texcoco, por la ausencia de vialidades actuales y el subsuelo inestable de la zona.

CONSIDERACIONES SOCIALES

Establecer el aeropuerto complementario en la Base Aérea Militar núm. 1, Santa Lucía, genera *un polo de desarrollo urbano desconcentrado en una ubicación distante, 40 km del aeropuerto actual.*

El funcionamiento aeroportuario en la Base Militar de Santa Lucía lleva a la región norte de la Ciudad de México una fuente derrama económica temporal por la obra y permanente por el aeropuerto, ambos serán fuente de progreso económico en la zona, generando una fuente de empleos directos y una fuente de empleos indirectos. En la infraestructura de apoyo del funcionamiento aeroportuario se establecerán hoteles y estructuras de servicios, de taxis, servicio de almacenamiento como complemento del movimiento de carga y todos los servicios complementarios que rodean al aeropuerto.

Se fomentará una desconcentración de los servicios periféricos; es decir, los usuarios de vuelos y carga, las oficinas, los agentes aduanales, las bodegas, separadas del centro de la ciudad, no estarían concentradas en un solo sector y se activará un movimiento comercial promoviendo desarrollo.

Diversifica la movilidad de la población, tanto del pasaje aéreo entrante y saliente, como empleados, directivos, funcionarios, técnicos y administradores.

El beneficio del mejoramiento vial necesario para el funcionamiento óptimo de la AICM Actual, así como la adecuación de vialidades que se requerirá al incrementar la operación y actividad de la Base Aérea Militar núm. 1, Santa Lucía, *se distribuye entre ambas centrales aéreas* y poblaciones circundantes y de hecho beneficia pos diversificación a toda la población de la Ciudad de México.

Una consideración social adicional es que, al usar el aeropuerto de Santa Lucía se evita la confrontación con sectores de la población que ya han manifestado su rechazo al proyecto NAICM Texcoco.

CONSIDERACIONES AMBIENTALES

El impacto ambiental de la construcción del NAICM en Texcoco tiene una implicación de daño ambiental mayor a la que tendría en su momento la construcción de las pistas en el Aeropuerto Militar de Santa Lucía; separar las estaciones aeroportuarias en dos ubicaciones definitivamente presenta dos polos de contaminación de menor efecto que uno solo concentrado en el aeropuerto de Texcoco.

Separar las estaciones aeroportuarias en dos ubicaciones distantes, permite *distribuir la contaminación ambiental generada por combustión y ruido* de las aeronaves y por los vehículos menores y mayores que se concentran con el pasaje y la carga aérea. El hecho de ser dos polos de contaminación que, aunque sumados fueran la misma contaminación que la que se proyecta tener en el NAICM Texcoco, presentan mayor superficie de difusión, mayor superficie contacto con la atmósfera lo que permite mayor velocidad de eliminación de esa contaminación, sumado a que se ubican a 40 km de distancia.

Implica la *minimización del impacto y pasivos ambientales*, ya que éste solo se manifiesta en un incremento de actividad en Santa Lucía, *compensado* en buena medida por la reducción de actividad en el AICM Actual, que es un activo ambiental.

Es importante considerar que *no se requiere un cambio de uso de suelo* como tal ya que el aeropuerto de Santa Lucía tiene un uso de suelo aeroportuaria. Los trámites en este caso se reducen a incorporar a la actividad aeroportuaria una fracción de terreno de Santa Lucía que ya tiene ese uso de suelo, y solo habría que obtener un permiso de remoción de la vegetación de pradera. Esto implica minimizar el impacto y pasivos ambientales

Sin embargo, donde se ubicará el nuevo aeropuerto internacional se encuentran cuatro áreas naturales protegidas, *las que sí requieren cambio de uso de suelo lacustre, siendo la más impactada el parque Ingeniero Gerardo Cruickshank García,* ubicado al sur del proyecto Texcoco, y que es un parque de preservación ecológica el que seguramente será inundado para poder almacenar los niveles de agua crecientes y eso afectará a los centros de fauna aviar (véase imagen de p. 91).[28]

Esta circunstancia no ocurre con Santa Lucía; la separación entre aeropuertos permite diversificar las fuentes de suministro de agua, ciertamente se tendría que acopiar la mayor cantidad de agua para Santa Lucía que requerirá el aeropuerto complementario, pero será menor la demanda porque Santa Lucía ya tiene una cuota de agua asignada y además es para la mitad de los vuelos programados, no para todos los vuelos.

[28]http://cepanaf.edomex.gob.mx/sites/cepanaf.edomex.gob.mx/files/files/PE37%20ING_%20GERARDO%20CRUICKSHANCK%20GARCIA(DT).pdf

PARQUE INGENIERO GERARDO CRUICKSHANK GARCÍA

PRIMERO.- Se declara área natural protegida con la categoría de parque estatal, el inmueble propiedad del Gobierno del Estado de México, comprendido en los polígonos "A" y "1B" descritos en la escritura pública No. 5042 de fecha 29 de diciembre de 1983, pasada ante la fe del Notario Público No. 3 del Distrito Judicial de Cuautitlán, que suman una superficie de 9'454,092.00 metros cuadrados, ubicado en el Municipio de Chimalhuacán, México.

TERCERO.- La zona declarada área natural protegida será destinada a la restauración, reforestación y Conservación de la flora y fauna, recuperación de los mantos freáticos, preservación de los ecosistemas y de sus elementos, y la relaización de actividades de recreación, turismo y educación ecológicos.

La cantidad de agua que demandará el NAICM Texcoco se tiene que llamar del área del Lago de Texcoco, y se tiene que llamar desde los centros habitacionales, afectándolo de manera drástica, toda vez que ya carecen de agua.

Esta propuesta no presenta *nuevas afectaciones o molestia a centros de fauna aviar* ni entra en conflicto con las rutas de vuelo de estas aves.

Es importante también considerar que el aeropuerto complementario de Santa Lucía está proyectado para las aeronaves de carga, es decir de gran tamaño, combinadas con vuelos comerciales de pasajeros, nacionales y extranjeros, esto generará que el tráfico de carga de camiones que embarcan y desembarcan en el aeropuerto se retire a las vialidades periféricas, sin tener que ingresar a la Ciudad de México, con el beneficio de reducción de la contaminación (contingencias ambientales) y el número de vehículos en circulación.

Es importante considerar que el establecimiento en Santa Lucía de la estación aérea para las aeronaves de gran tamaño, permite que las rutas de acceso y despegue se retiren de la zona urbana de mayor densidad de la Ciudad de México y zonas conurbadas del Estado de México*; esto reduce la contaminación por ruido y combustión.*

El alejar las rutas de acceso y salida de las aeronaves de mayor tamaño de las zonas urbanas de alta densidad, *reduce el riesgo de accidentes en tierra.*

CONSIDERACIONES OPERATIVAS

Al aprovechar las dos instalaciones aeroportuarias vigentes se reducen los volúmenes de obra y las complicaciones técnicas, conservando y *haciendo eficiente el patrimonio nacional.*

Tener dos ubicaciones con pistas en operación permite sostener el servicio aun a pesar de percances, siniestros o contingencias sociales; los dos aeropuertos pueden alternarse en operación, circunstancias como la neblina o condiciones climáticas extremas que bloquean el aeropuerto (lo que seguramente le ocurrirá al NAICM Texcoco). Siempre se tendría la posibilidad de alternar con Santa Lucía o aun cuando en este aeropuerto ocurriera, desafortunadamente, un accidente aéreo o algún evento catastrófico, por ejemplo un terremoto o similar, siempre tendremos un aeropuerto alterno, lo que para el volumen de trabajo y dimensiones de esta ciudad es importante.

Considérese el hecho de que las orientaciones actuales de las pistas de ambas terminales han comprobado su eficacia en relación con los vientos dominantes del área, lo que garantiza *la seguridad de despegues y aterrizajes.*

Las ventajas que representan los aeropuertos existentes hacen eficiente la inversión en su conversión en sistema aeroportuario, reducen mantenimiento, facilitan la operación y simplifican la administración de las terminales aéreas, *dando mejor servicio a la población.*

CONCLUSIONES

PROYECTO ALTERNO INTEGRADO POR:
AICM ACTUAL (T1+T2)
Y EL AEROPUETO INTERNACIONAL DE SANTA LUCÍA (NUEVO)

En las definiciones iniciales se estableció que este estudio orienta sus comparaciones atendiendo seis parámetros principales:

1. Costo de inversión total.
2. Mejor y mayor aprovechamiento de instalaciones actuales:
   a. Aeroportuarias del Lado Aire.
   b. Aeroportuarias del Lado Tierra.
   c. Viales.
3. Menor impacto ambiental negativo.
4. Mayor desarrollo social.
5. Seguridad urbana.
6. Seguridad aeroportuaria.

Atendiendo los parámetros establecidos se emiten las siguientes

COSTO DE INVERSIÓN TOTAL

La conclusión de este punto es del todo favorable al SAVAM, pues el monto de inversión de éste resulta ser como máximo, del *40% del presupuesto del NAICM Texcoco,* tomando éste sin considerar la pérdida de estructuras e infraestructura funcional de los dos aeropuertos destruidos: el AICM Actual y Santa Lucía.

NAICM Texcoco	$169,000 MDP	
SAVAM	$ 70,000 MDP	40%

Aunado al monto total presupuestado de inversión y a la perdida de instalaciones, se debe agregar la diferencia a favor del SAVAM en costo de servicios financieros (intereses crediticios) por el hecho del menor tiempo de construcción del SAVAM, dado su menor volumen de obra y menor necesidad de obras de sustento por suelos maleables y de protección hidráulica por riesgo en Texcoco, y el alto costo de mantenimiento de las pistas en el suelo inestable.

APROVECHAMIENTO DE LAS INSTALACIONES ACTUALES DE AICM ACTUAL Y SANTA LUCÍA

La conclusión de este punto nuevamente es favorable al SAVAM, pues éste mantiene y adecua las instalaciones de ambos aeropuertos: AICM Actual y Santa Lucía, lo que redunda en menor inversión y menor tiempo de construcción.

AEROPORTUARIAS DEL LADO AIRE

En este aspecto, la alternativa del SAVAM no solo resulta en economías de obra y tiempo, sino que por el monto de inversión reducido del SAVAM se obtiene *mayor inventario funcional de obra y en menos tiempo;* es decir, al invertir menos dinero se tienen más pista en operación, en menos tiempo.

NAICM Texcoco	$169,000 MDP	3 PISTAS	6 AÑOS
SAVAM	$ 70,000 MDP	5 PISTAS	3 AÑOS

AEROPORTUARIAS DEL LADO TIERRA

En este aspecto, la alternativa del SAVAM no solo resulta en economías de obra y tiempo también, pues solamente se construyen los siguientes conceptos:

- Terminal Santa Lucía.
- Remodelación de Terminal 1.
- Recinto Fiscal.
- Área de carga.
- Estacionamiento parcial en Santa Lucía.

Lo que significa la conservación de todas las instalaciones del AICM Actual y el aprovechamiento de la infraestructura aeroportuaria de la Base Aérea Militar núm. 1, Santa Lucía.

VIALES

La alternativa del SAVAM genera un beneficio en la circulación vehicular y la movilidad en general en la Megalópolis del Valle de México, por lo siguiente aspectos:

- Al concentrar la carga proveniente de aeronaves en Santa Lucía, desaloja el sistema de transporte pesado de la Ciudad de México.
- Al recibir la carga de salida y la carga proveniente de otros aeropuertos para ser internada en Santa Lucía, evita el ingreso de transporte pesado a la Ciudad de México.
- Al encaminar parte del pasaje para despegues hacia el norte, al aeropuerto de Santa Lucía se diversifican las vías de comunicación utilizables, aligerando la carga (hoy saturada) de las vialidades que conducen al AICM Actual.
- La construcción de vialidades nuevas es mínima (son 5 km desde el Circuito Exterior Mexiquense hasta Santa Lucía).
- La inversión se concentra en ampliar las vialidades existentes para crear una ruta libre entre los dos aeropuertos: AICM Actual y Santa Lucía.

MENOR IMPACTO AMBIENTAL NEGATIVO

La alternativa del SAVAM tiene un impacto favorable al dividir los polos de contaminación proveniente de la combustión y el ruido de los aviones, además de no perturbar los sistemas naturales:

- No requiere alterar el cauce de los 11 ríos afluentes del Lago de Texcoco, como es el caso del NAICM Texcoco.
- No elimina el parque Ingeniero Gerardo Cruickshank García.
- No requiere "reorientar" el destino instintivo de las aves pobladoras y migrantes de la región.
- El SAVAM se establece en sitios ya validados ecológicamente como aeropuertos.
- El SAVAM no afecta zonas de reserva natural protegida.

MAYOR DESARROLLO SOCIAL

Este punto representa un factor de mayor diferenciación entra el SAVAM y el NAICM Texcoco, pues el objetivo del primero (SAVAM) es generar un polo de desarrollo social en donde no se contemplan proyectos de corto plazo que lo aporten, pero sobre todo *sin alterar el entorno social* ya establecido en el AICM Actual, conservando la mayoría de los empleos y generando nuevos en otra región del Valle de México.

El SAVAM, por desarrollarse en predios que ya tiene su uso de suelo asignado como aeropuerto y que son ambos ya propiedad del Gobierno federal, no genera controversia social local, como el caso de Texcoco. Diversifica la movilidad urbana.

SEGURIDAD URBANA

El sistema SAVAM genera la desconcentración de rutas aéreas sobre la Ciudad de México, lo que reduce el riesgo de accidentes sobre ella en el mismo porcentaje que representen los vuelos desconcentrados al aeropuerto complementario de Santa Lucía, que será de alto significado.

Al diversificarse las rutas terrestres del pasajeros y empleados se reduce su tiempo de traslado, y a la vez permite menores concentraciones en el transporte, generando seguridad.

SEGURIDAD AEROPORTUARIA

La diversificación de la actividad aeroportuaria en los dos aeropuertos del SAVAM resuelve la saturación declarada oficialmente, eliminando el manejo crítico de tiempos de aterrizaje, y con ello incrementa la seguridad en la operación de las aeronaves.

Al aumentar el espacio, sistemas, puntos de abordaje y terminales, le permite al SAVAM otorgar un manejo de pasajeros, equipaje, carga y automóviles bajo mayor control, menor saturación y reduce las aglomeraciones, menor cantidad de errores y hace eficiente el servicio de seguridad.

COMENTARIO FINAL

La alternativa del Sistema Aeroportuario del Valle de México (SAVAM) en modo de escenario, presenta resultados con cifras significativas de costo, tiempo y servicios, que le son favorables.

Como esta alternativa del SAVAM se sustenta en información de dominio público, en opiniones técnicas calificadas de operación *a priori,* en tierra y aire, análisis genéricos de predios y en costos comparables a nivel de antepresupuestos, consideramos que es indispensable que los responsables del proyecto profundicen en su estudio, efectuando la investigación pertinente y entonces emitan un diagnóstico documentado y público que la dictamine; sujeto este dictamen al escrutinio internacional de todos los niveles, para soportar la razón económica, técnica, social y de sustentabilidad que los justifique por la selección del proyecto que se ejecute finalmente, proporcionando certidumbre y satisfacción a la ciudadanía presente y futura.

ANEXOS

AL ANTEPROYECTO DEL SISTEMA AEROPORTUARIO DEL VALLE DE MÉXICO (SAVAM)

PROYECTO ALTERNO INTEGRADO POR:
AICM ACTUAL (T1+T2)
Y EL AEROPUETO INTERNACIONAL DE SANTA LUCÍA (NUEVO)

El plano de uso suelo de la zona señala claramente en la parte inferior derecha, que la zona está destinada a ser área NO urbanizable, esto es a estar libre de comercio, industria y/o urbanización, y esa es la zona donde se ubica el Aeropuerto Militar Santa Lucía.

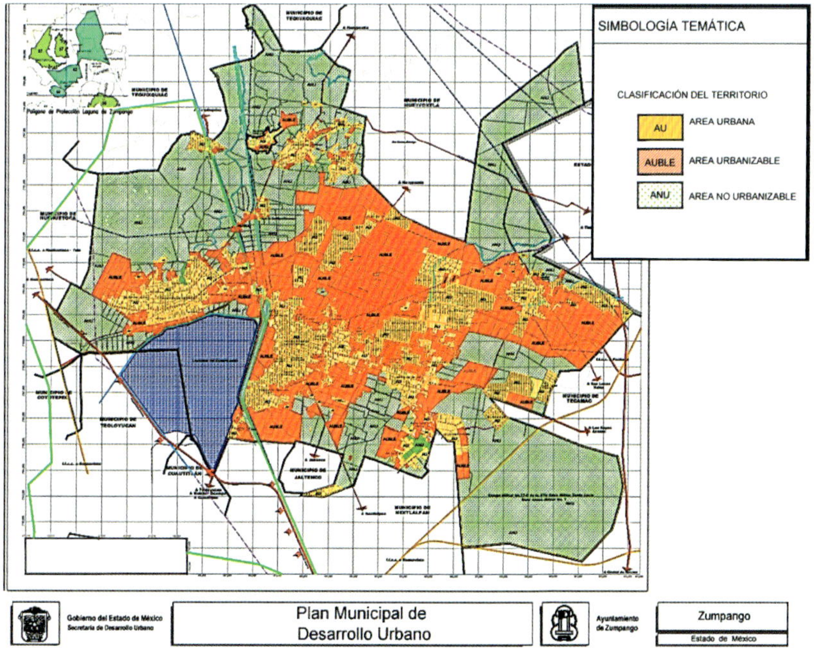

La superficie donde se ubica el aeropuerto de Santa Lucía es zona de propiedad federal, además las zonas de pistas no están en riesgo de inundación por lo que no necesita aquellas obras hidráulicas tan grandes que requiere Texcoco.

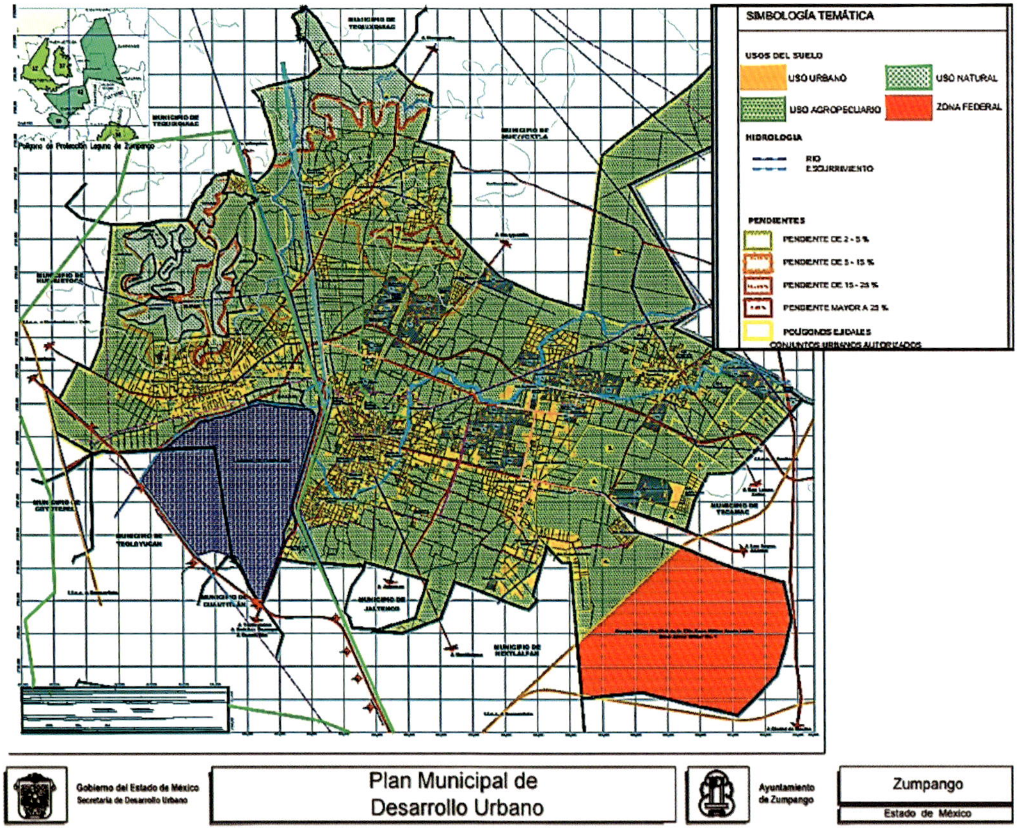

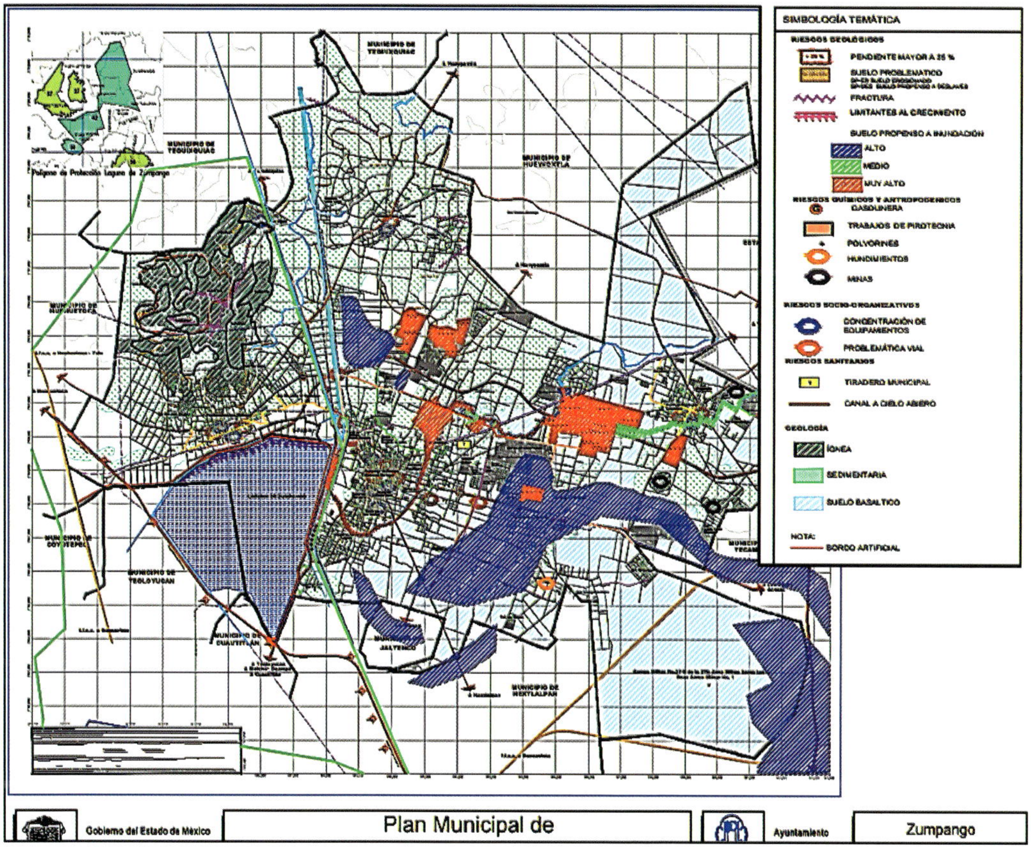
SIMBOLOGÍA TEMÁTICA
RIESGOS GEOLÓGICOS
PENDIENTE MAYOR A 25 %
SUELO PROBLEMATICO
FRACTURA
LIMITANTES AL CRECIMIENTO
SUELO PROPENSO A INUNDACIÓN
ALTO
MEDIO
MUY ALTO
RIESGOS QUÍMICOS Y ANTROPOGENICOS
GASOLINERA
TRABAJOS DE PIROTECNIA
POLVORINES
HUNDIMIENTOS
MINAS
RIESGOS SOCIO-ORGANIZATIVOS
CONCENTRACIÓN DE EQUIPAMIENTOS
PROBLEMÁTICA VIAL
RIESGOS SANITARIOS
TIRADERO MUNICIPAL
CANAL A CIELO ABIERO
GEOLOGÍA
ÍGNEA
SEDIMENTARIA
SUELO BASALTICO
NOTA:
BORDO ARTIFICIAL
MUNICIPIO DE TEQUIXQUIAC
MUNICIPIO DE HUEYPOXTLA
MUNICIPIO DE TEOLOYUCAN
MUNICIPIO DE CUAUTITLÁN
MUNICIPIO DE JALTENCO
MUNICIPIO DE NEXTLALPAN
Polígono de Protección Laguna de Zumpango
Gobierno del Estado de México
Plan Municipal de
Ayuntamiento
Zumpango

En los espacios físicos de Santa Lucía se aprecia que son zonas amplias y abiertas en la que ninguna parte de sus avenidas se observan obstáculos visuales, no hay montañas, no hay población de edificios, nada más que los campos abiertos. Nada en Santa Lucía impide el vuelo de grandes aeronaves en su despegue o su aterrizaje.

CIUDADES CON SISTEMAS AEROPORTUARIOS MÚLTIPLES

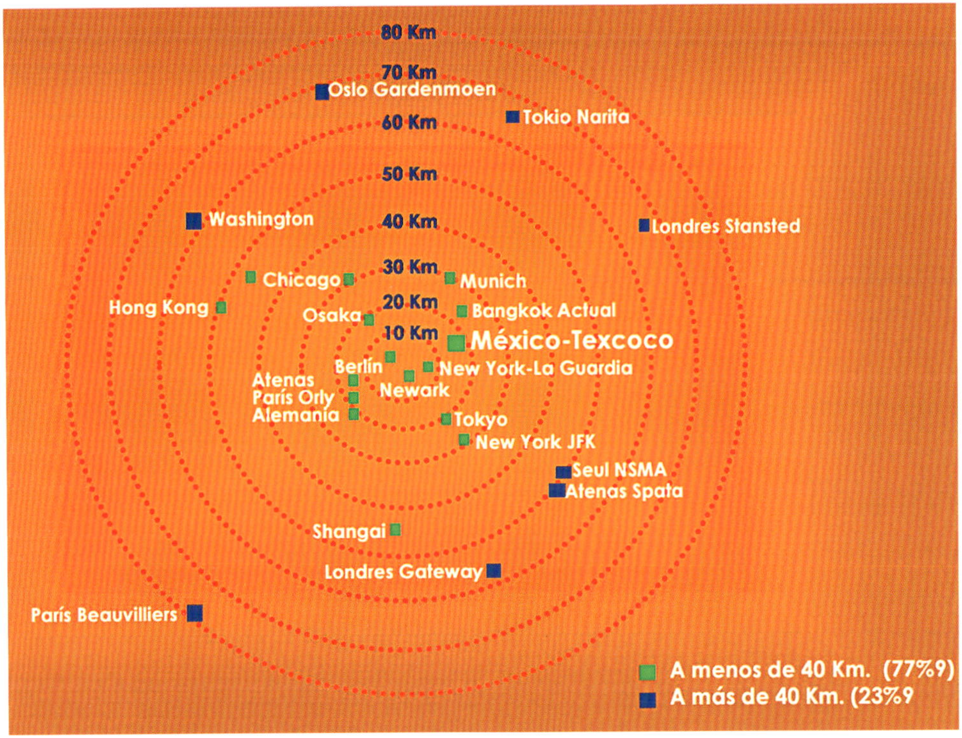

HOUSTON
NUEVA YORK
COLOMBIA
ROMA
FRANKFURT
BELFAST
HAMBURGO
VARSOVIA
MOSCÚ
JORDANIA
MILÁN
BRUSELAS
GOTEMBURGO
ESTAMBUL
BERLÍN
y otras

AEROPUERTOS DE NUEVA YORK

El área metropolitana de Nueva York dispone de tres aeropuertos, dos en Queens y uno en Newark.

AEROPUERTO INTERNACIONAL JOHN F. KENNEDY

Es el principal aeropuerto de Estados Unidos. Ubicado en el distrito de Queens, en Jamaica Bay, a 24 kilómetros de Manhattan. Ocupa una superficie de 20 kilómetros cuadrados, tiene 8 terminales y operan más de 80 compañías aéreas.

Dispone de líneas de autobuses gratuitos que conectan las distintas terminales, así como un tren, el AirTrain JFK, que une el aeropuerto con las estaciones de tren de Jamaica y las de metro de Sutphin Boulevard y Howard Beach.

AEROPUERTO LAGUARDIA (LGA)

Es el principal aeropuerto de *vuelos nacionales* de Nueva York. Se encuentra ubicado frente a la Bahía de Flushing, en Queens, *a 13 km de Manhattan*. Ocupa una superficie de 2.7 kilómetros cuadrados y tiene cuatro terminales. Existen servicios de autobuses que conectan el aeropuerto con las estaciones de metro que le llevarán a Manhattan.

AEROPUERTO INTERNACIONAL LIBERTAD DE NEWARK

Es uno de los más modernos de Estados Unidos y con más tráfico, ubicado entre las ciudades de Newark y Elizabeth, en el estado de Nueva Jersey, *a 26 kilómetros de Manhattan*. Tiene tres terminales donde llegan y salen una media *de 35'000,000 de pasajeros* al año. El tren AirTrain Newark conecta las terminales con los trenes de Amtrak y NJ Transit y sus servicios a Nueva York, Filadelfia y otros puntos de Nueva Jersey.

AEROPUERTOS DE FRANKFURT

AEROPUERTO DE FRANKFURT DEL MENO (FRA)

Es uno de los aeropuertos más transitados de toda Europa, se localiza a 12 km al sudoeste del centro de Frankfurt, lo que hace una distancia muy corta para ir al centro de la ciudad.

AEROPUERTO DE FRANKFURT-HAHN (HHN)

En la zona de Hunsrück, a 120 km al oeste de Frankfurt, se encuentra el aeropuerto de Frankfurt Hahn, que opera mayormente con la compañía aérea Ryanair.

AEROPUERTOS DE MOSCÚ

AEROPUERTO SHEREMÉTYEVO

Se encuentra a 15 km al noroeste, fuera de la ciudad, y tiene seis terminales (A, B, C, D, E, F). Para llegar al centro de la ciudad o a la estación más cercana del metro existen cuatro opciones: taxi, minibús particular, bus público o tren eléctrico.

AEROPUERTO DOMODÉDOVO (DME)

Se encuentra a 35 km al sur-este de Moscú, fue construido en 1965 pero desde el año 1995 hasta el día de hoy está completamente reconstruyéndose y modernizándose. Hoy es un aeropuerto muy cómodo, amplio y bien comunicado con la ciudad a pesar de lo lejos que está.

EL AEROPUERTO VNÚKOVO (VKO)

Uno de los primeros aeropuertos abiertos en Moscú. Construido en 1941 se renovó completamente en el 2004 y hoy es el aeropuerto que se encuentra más cerca al centro de la ciudad (11 km hasta la frontera de Moscú y 28 hasta el centro) y desde hace poco comenzó a realizar vuelos internacionales. También hay un tren rápido en el cual se puede llegar al aeropuerto sin atascos.

AEROPUERTOS DISTANTES DEL NÚCLEO DE POBLACIÓN

- Aeropuerto de Londres-Luton - Londres (56 km).
- Aeropuerto de Londres-Stansted - Londres (61 km).
- Aeropuerto de París Beauvais Tillé - París (89 km).
- Aeropuerto F.G.L. Granada-Jaén - Jaén (96 km).
- Aeropuerto de Estocolmo Västerås - Estocolmo (103 km).
- Aeropuerto de Frankfurt-Hahn - Frankfurt (124 km).

- Aeropuerto de Trieste-Friuli Venecia Julia, (127 Km).
- Aeropuerto de París Vatry - París (162 km).

ÍNDICE

SISTEMA AEROPORTUARIO DEL VALLE DE MÉXICO

Se terminó en la Ciudad de México durante el mes de marzo del año 2017. La edición impresa sobre papel cubierto de 130 gramos, estuvo al cuidado de la oficina litotipográfica de la casa editora.